天文学の本

私たちが暮らす地球は、宇宙においては文字通り、星の数ほどある天体の一つにすぎません。宇宙ははるか彼方まで広がり、そこには様々な特徴を持つ無数の星々が輝いています。天文学は、宇宙や天体を観測し、その起源や進化を解き明かすことを目標とする学問です。

山口 弘悦
榎戸 輝揚

B&Tブックス
日刊工業新聞社

はじめに

2019年8月某日、著者のひとり・山口のもとに、畏れ多くもJAXA宇宙科学研究所（以下、宇宙研）名誉教授の的川泰宣先生からのお電話がありました。先生は以前、本書と同じ「トコトンやさしい」シリーズの「宇宙ロケットの本」をご執筆されており、同社の編集の方から、次に企画している「天文学の本」を書ける人物の紹介を頼まれた、とのこと。詳しくお話を伺うと、先生は当初、山村一誠さん（宇宙研准教授）に打診されたものの、山村さんが僕を売ったらしいことが判明。当時僕は宇宙研に着任して間もなく、いろいろな方から暇そうな奴だと見られていたようです。いや、決して暇ではなかったのですが、大先生からの依頼をお断りできるわけもなく、またそれなりに時間をかけても良いとのことだったので、お引き受けすることになりました。その際、前任地のNASAゴダード宇宙飛行センター時代に苦楽を共にした榎戸輝揚さんを共著にお誘いし、山口の不得意な分野を補ってもらうことにしました。これが、本書執筆に至った経緯です。

本題に入りましょう。本書は全8章で構成されます。第1章では、観測天文学の手段として、様々な波長の光や、光以外の媒体（メッセンジャー）が使われることを概観します。天文学に関する他の入門書や児童向けの図鑑を開くと、この手の話題は最後に置かれることが多いようです。しかし本書ではあえて、この部分を最初に持ってくることにしました。「人間の目に見える宇宙だけが天文学の観測対象ではない」という事実を、初めに知っていただきたかったからです。これは、観測天文学を生業とする著者2人のこだわりなのかもしれません。

続く2章は、「宇宙の大きさ」を実感いただくことを目的とします。宇宙には、太陽系、星団、銀河、銀河団など、スケールの異なる様々な階層構造があります。それらがどのような経緯で認識されるに至ったのか。そして、各階層の大きさや天体までの距離はどのような方法で測られるのか。これらをやさしく解説します。

3章からは、いよいよ個別の天体や天体現象の紹介に入ります。まずは身近な太陽をはじめ、様々な質量を持つ恒星の誕生と進化について解説します。4章では、白色矮星、中性子星、ブラックホールといった、極限的な高密度天体が登場します。5章では、超新星爆発やガンマ線バースト、連星合体など、星の終焉を彩る様々な突発現象を紹介します。

6章からは、宇宙の階層構造を上位へと進み、銀河や銀河団の世界を概観します。銀河や銀河団は、無数の恒星に加えて、星間ガスや高温プラズマ、ダークマターなど、様々な要素で構成される天体です。また、各銀河の中心には太陽の数十万倍から数百億倍もの質量を持つ巨大なブラックホールが存在し、時に高い活動性を示します。本章では、それらの発見の経緯や理解の現状について、やさしく解説します。

7章は、個々の天体ではなく、宇宙そのものの誕生と進化、および宇宙の将来に関する話題（いわゆる宇宙論）を、短くまとめています。

8章では、天文学の未解決問題についておさらいし、代表的な将来計画や、これからの天文学の方向性について概観します。

以上のように本書は、宇宙に存在する様々な天体、あるいは現代天文学の諸問題を、最新の観測事例の紹介を交えつつ、できる限り網羅的に扱うように努めました。しかし、完璧ではありません。例えば、身近な太陽系の話題は、思い切って1項目（見開き1ページ）に抑えました。近年の天文学分野において極めてホットな「星形成」や「系外惑星探査」の話題も、紙面の都合上、大幅に割愛しています。また、著者が2人ともX線天文学を専門とするため、各天体の紹介内容にも多少の偏りがあるかもしれません。その点についてはご理解の上で読み進めていただければ幸いです。

さて、本書の出版を目前に控えた2021年2月現在、世界は1年以上に及ぶ未曾有の「コロナ禍」に見舞われています。奇しくもこの事態により、人々の間に「コロナ」という単語が悪い意味で浸透しました。一方、天文学者にとっての「コロナ」とは、太陽や恒星の上層大気に相当する、美しくも謎に満ちた重要な研究対象です。本書を読み進めていただくうちに何度か「コロナ」が登場しますが、間違ってもウイルスのことだとは思わないでください。一刻も早く世界がこの悪夢から解放され、人々が豊かで文化的な暮らしを取り戻すと同時に、美しい天体現象を意味する本来の「コロナ」が再認識されることを願ってやみません。

最後になりますが、本書の執筆にあたり有用な助言をいただいた多くの方々と、長らくお付き合いいただいた編集の岡野晋弥さんに、この場をお借りして厚く御礼を申し上げます。

山口弘悦・榎戸輝揚

目次 CONTENTS

第1章 宇宙を見る眼

1 宇宙からのメッセージ「様々な波長の光」……10
2 宇宙を観る様々な方法「光の性質と観測手段」……12
3 可視光天文学の発展「肉眼観測から望遠鏡・分光器へ」……14
4 星の誕生現場を見通す赤外線天文学「初めて見つかった「目に見えない光」」……16
5 雑音の研究から始まった電波天文学「高い視力の秘訣は光の波動性」……18
6 幸運によって開花したX線天文学「灼熱の宇宙を観る新しい眼」……20
7 最高エネルギーの光を観るガンマ線天文学「米ソ冷戦がもたらした驚きの発見」……22
8 天から降る粒子を観る宇宙線天文学「素粒子物理学の発展をもたらした謎の放射線」……24
9 幽霊粒子を捉えるニュートリノ天文学「超低質量の粒子が伝える星の核心部」……26
10 時空のさざなみを聞く重力波天文学「アインシュタインの最後の宿題」……28

第2章 宇宙の大きさと距離

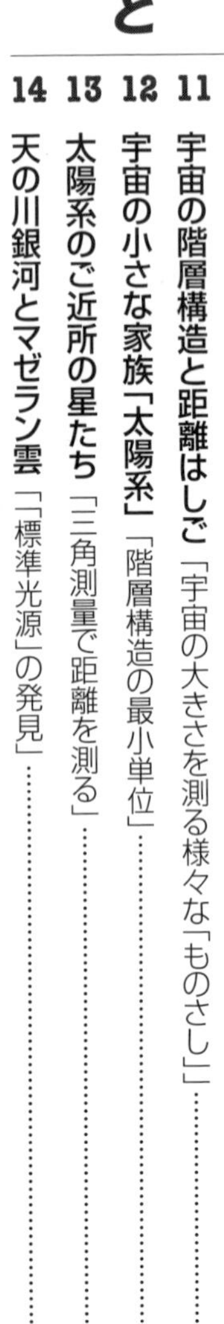

11 宇宙の階層構造と距離はしご「宇宙の大きさを測る様々な「ものさし」」……32
12 宇宙の小さな家族「太陽系」「階層構造の最小単位」……34
13 太陽系のご近所の星たち「三角測量で距離を測る」……36
14 天の川銀河とマゼラン雲「「標準光源」の発見」……38

15 島宇宙と局所銀河群「シャプレーとカーチスの大論争」……40
16 1億光年先まで続く銀河の大家族「銀河団と超銀河団」……42
17 膨張する宇宙「ハッブル＝ルメートルの法則」……44
18 届け宇宙の果てまで「極小から始まった宇宙」……46

第3章 太陽とその仲間

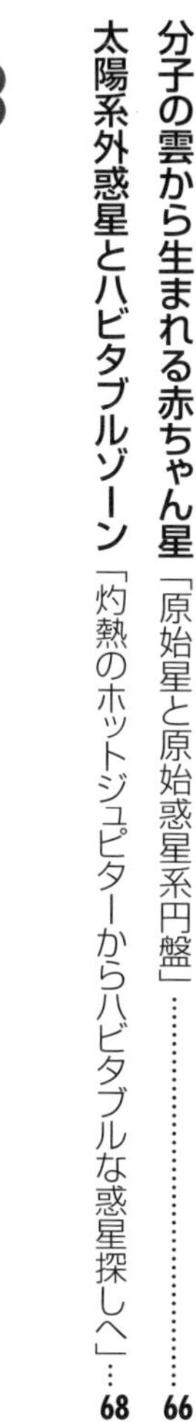

19 もっとも身近な恒星「太陽」「水素の核融合が生み出す膨大なエネルギー」……50
20 リズムを刻む太陽と地球への影響「黒点と活動周期」……52
21 太陽表面の巨大爆発「太陽フレア」「磁気リコネクションと太陽コロナ」……54
22 恒星の自己制御システム「自己重力系と「負の比熱」」……56
23 恒星の質量と寿命の関係「HR図と質量光度関係」……58
24 太陽の行く末は？「赤色巨星を経て白色矮星へ」……60
25 大質量星の後期進化「太く短く生きる星々の劇的な晩年期」……62
26 双子や三つ子の星たち「連星と質量輸送」……64
27 分子の雲から生まれる赤ちゃん星「原始星と原始惑星系円盤」……66
28 太陽系外惑星とハビタブルゾーン「灼熱のホットジュピターからハビタブルな惑星探しへ」……68

第4章
コンパクト天体

29 不思議なコンパクト天体の世界「多様性と法則性が織りなす極限天体」……72
30 電子の縮退圧が支える「白色矮星」「量子の力で星を支える」……74
31 高速で自転する宇宙の灯台「中性子星」「原子核密度を超えるコンパクト天体」……76
32 中性子星の動物園「回転、磁場、降着、熱のエネルギーで輝く多様な星々」……78
33 宇宙最強の磁石星「マグネター」「磁場エネルギーを解放して輝く中性子星」……80
34 一般相対性理論が導き出したブラックホール「光さえも抜け出せない宇宙の黒い穴」……82
35 X線連星の「恒星質量ブラックホール」「光も脱出できないブラックホールはなぜ輝くか」……84
36 銀河中心の「超大質量ブラックホール」「ジェットも吹き出す銀河の中心のモンスター」……86
37 中間質量ブラックホールは存在するか?「超大光度X線源(ULX)とULXパルサー」……88

第5章
激しく変動する宇宙

38 定常な宇宙像から激動の宇宙観へ「時間軸天文学の勃興」……92
39 大質量星の最期「重力崩壊型超新星」「鉄コアの光分解とニュートリノ」……94
40 宇宙の巨大核融合爆弾「Ia型超新星」「白色矮星の爆発と鉄の生成」……96
41 歴史に名を残す超新星と、その後の姿「宇宙の花火、超新星残骸」……98
42 宇宙最大の爆発現象「ガンマ線バースト」「継続時間の長いガンマ線バースト起源」……100
43 ブラックホール合体からの時空のさざなみ「人類が初めて捉えた重力波」……102
44 金を生み出す大爆発、中性子星の合体「短いガンマ線バーストとキロノバ」……104
45 宇宙遠方からの謎の高速電波バースト「若く磁場の強い中性子星が起源か?」……106

第6章 銀河と銀河団

46 天の川銀河の〝発見〟と構造「近さゆえに見えづらい銀河の全体像」……110
47 様々な種族の銀河たち「ハッブルの音叉図と銀河の進化」……112
48 銀河を構成する星間物質「様々な顔を持つ水素ガス」……114
49 銀河の回転とダークマター「見えない「何か」に支配される星と星間物質の運動」……116
50 フェルミバブルが伝える天の川銀河の過去「昔は激しかった天の川銀河の中心核」……118
51 活動銀河核とクェーサー「銀河全体の100倍の明るさで輝く銀河核」……120
52 銀河の活動がもたらす星のベビーブーム「スターバースト銀河」……122
53 宇宙の大家族「銀河団」とダークマター「銀河を閉じ込め、時空をも歪める巨大な重力」……124
54 銀河団を満たす高温プラズマ「銀河を浮かべる灼熱の火の海」……126
55 誕生直後の宇宙の記憶をとどめる大規模構造「「宇宙のクモの巣」から物質集積の歴史を探る」……128

第7章 宇宙の始まりと終わり

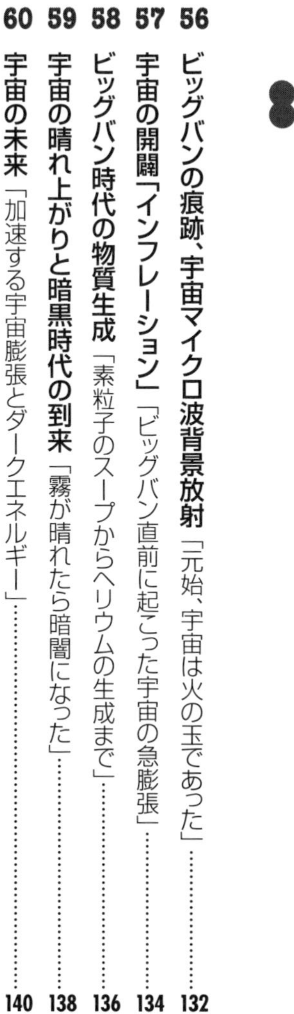

56 ビッグバンの痕跡、宇宙マイクロ波背景放射「元始、宇宙は火の玉であった」……132
57 宇宙の開闢「インフレーション」「ビッグバン直前に起こった宇宙の急膨張」……134
58 ビッグバン時代の物質生成「素粒子のスープからヘリウムの生成まで」……136
59 宇宙の晴れ上がりと暗黒時代の到来「霧が晴れたら暗闇になった」……138
60 宇宙の未来「加速する宇宙膨張とダークエネルギー」……140

第8章 これからの天文学

61 天文学の未解決問題と将来への展望「宇宙、物質、生命の起源と進化」……144
62 スペース・マルチメッセンジャー「超大質量ブラックホールの進化と初期宇宙の謎に迫る」……146
63 アストロバイオロジー「地球外の生命と文明を求めて」……148
64 観測装置の高性能化「より早く、より広く、より深く、より精密に」……150
65 天文学と社会の関わり「天文学を取り巻く諸問題と社会貢献」……152
66 天文学から考える私たちの未来「宇宙災害への対策」……154

【コラム】

●天文学者のお仕事……30
●星々の名前……48
●日食の思い出……70
●ノイズはノイズではない……90
●天文学データは人類の財産……108
●オープンサイエンスの新しい潮流……130
●科学者ガモフの遊び心……142
●人類、再び月へ行く?……156

参考文献……157
索引……159

第1章

宇宙を見る眼

1 宇宙からのメッセージ

様々な波長の光

我々はどこから来たのか。我々は何者か。我々はどこへ行くのか。

これは、フランスの画家ポール・ゴーギャンがタヒチで描いた有名な油彩画のタイトルですが、現代の自然科学も、この絵のタイトルのように素朴な、しかし私たちにとって本質的な疑問に答えを得ようとしています。宇宙はどのように生まれ、どのように進化するのか。その中で、私たちが暮らす星や銀河はどのように生まれたのか。これらを解き明かすことが、天文学という学問のゴールです。そのために、私たちは様々な技術と方法を駆使して、宇宙からのメッセージを捉えます。

宇宙からのメッセージは、天体が放つ「光」として届きます。ただし、肉眼で見えるものだけが光ではありません。そもそも光とは、電場と磁場の変化を伝える「波」のことです。波には「山」と「谷」があり、隣り合う山同士の間隔を「波長」と言います(図)。様々な波長の光がある中で、肉眼で見える「可視光」の波長域は、わずか380〜780nm程度に過ぎません。それより短波長の光(紫外線、X線、ガンマ線)や、長波長の光(赤外線、マイクロ波、電波)は、肉眼では感知できないのです。しかし、宇宙からは可視光以外の光もたくさん届きます。それらは何を伝えるのでしょうか。

光には、波長が短いほどエネルギーが高いという性質があります。また、光のエネルギーは放射源の物理状態を反映します。波長の短い光は高温ガスや高エネルギー粒子から、波長の長い光は冷たいガスや塵から放たれます。つまり、同じ対象を観測しても、波長によって見えるものが全く異なるのです(図)。さらに宇宙からは、陽子やニュートリノなどの粒子や、時空のゆがみを伝える重力波など、光以外のメッセージも届きます。それらを残さず捉え、物理的な意味を解読することが、宇宙の全体像を把握する第一歩です。本章ではまず、宇宙から届く様々なメッセージを概観し、そこから何を学べるかを解説します。

●天文学は宇宙の起源と進化を解き明かす学問
●宇宙からは様々な波長の光が届く
●陽子やニュートリノ、重力波も届く

光の波長とエネルギー

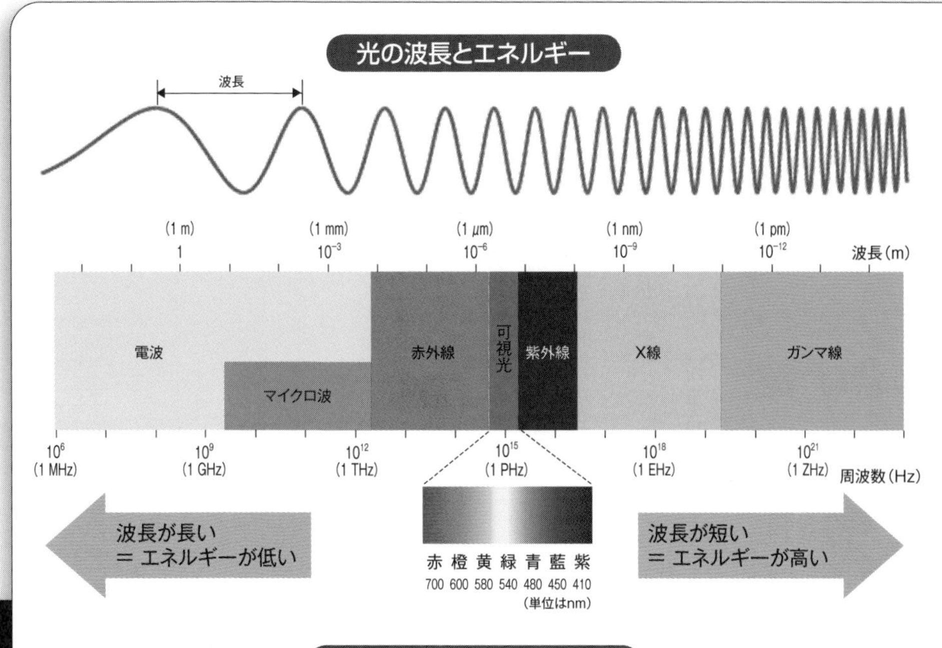

様々な波長で観る天の川

(National Space Science Data Center at NASA Goddard Space Flight Center)

2 宇宙を観る様々な方法

1で見たように、宇宙からは様々な波長の光がやってきます。しかし、可視光以外の光は肉眼で観測できません。そのため、天文学では、波長に応じて最適な観測手段を選び、最適な観測装置を使います。

前項では、光は波だと述べました。しかし同時に、粒子のような性質も併せ持ち、物質中の電子との散乱や、原子から電子を引き剥がす「光電効果」を起こします。こうした「粒子性」は、波長の短い光ほど顕著になるため、X線やガンマ線の観測では、散乱や光電効果を利用する検出器が活躍します。一方、電波のように波長の長い光では、電磁波本来の「波動性」が卓越するので、波の干渉を使った撮像観測が可能になります（5）。

宇宙から来る光は、波長によって到達できる限界高度が異なります。これは、特定の波長域の光が、大気中の分子や原子との反応で吸収されることに起因します。大気による吸収が最も大きいのは遠紫外線から軟X線にかけてで、これらは一切地上に届きません。そのため、ロケットや人工衛星、国際宇宙ステーションに装置を搭載し、大気圏の外に出て観測を行います。一方、可視光や電波の一部は地上に届くことから、その波長域は「大気の窓」と呼ばれます。ただし、完全な吸収はまぬかれても、大気の揺らぎの影響で天体の像が歪みます。したがって特に高解像度の観測を行う場合は、大気の薄い高山や南極に望遠鏡を設置します。

近年は、ニュートリノや重力波など、光以外の媒体（メッセンジャー）を使う「マルチメッセンジャー天文学」も盛んです。例えばニュートリノは、大気どころか地面も透過できるので、地中深くに検出器を設置します。他の粒子はそこまで届かないため、純度の高いニュートリノ検出ができるのです。また、本書では深くは触れませんが、対象天体まで探査機を飛ばす「その場観測」も、広い意味での天文学の手段です。NASAが1977年に打ち上げたボイジャーは、太陽系内の惑星を探査した後、今なお宇宙線や磁場の「その場観測」を続けています。

要点BOX
- ●光は粒子性と波動性を併せ持つ
- ●波長によって大気の吸収度合いが異なる
- ●宇宙空間、南極、高山、地中などでも観測を行う

光の粒子性と波動性

粒子性

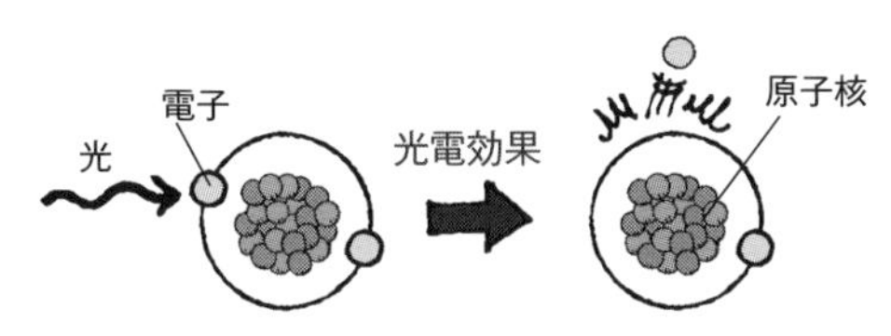

いずれも、音波のような「普通の波」では起こらない現象です。

波動性

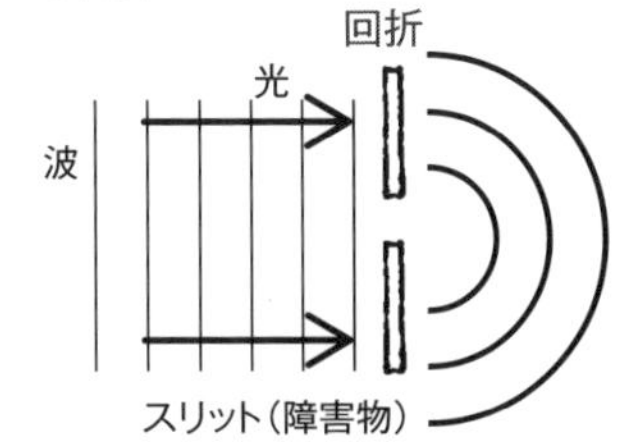

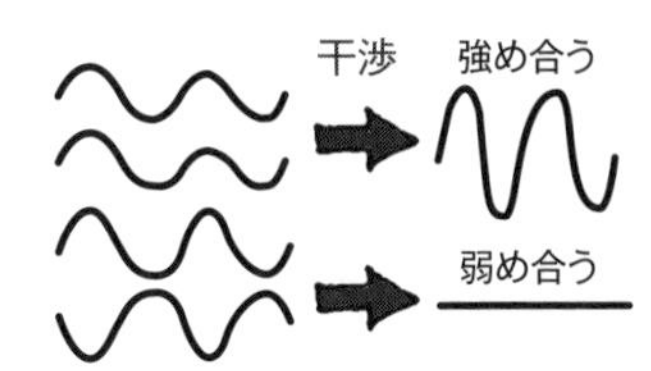

大気の窓

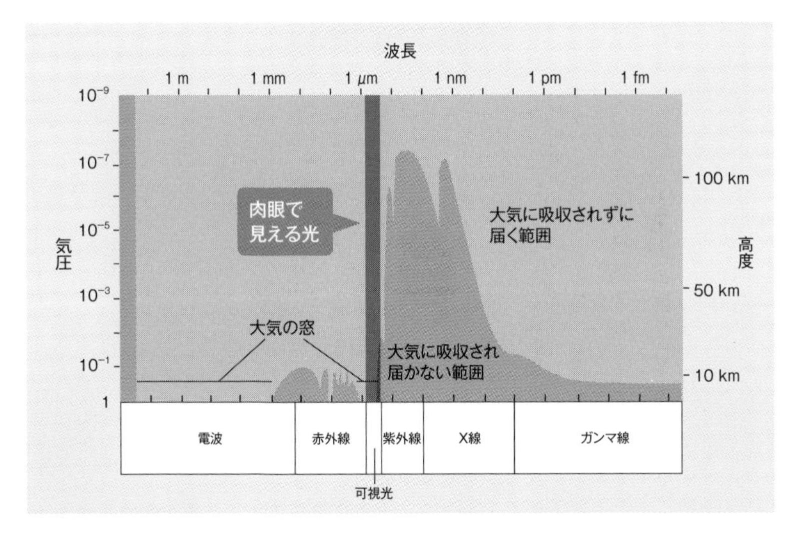

ALMA (ESO/NAOJ/NRAO)

すばる望遠鏡 (国立天文台)

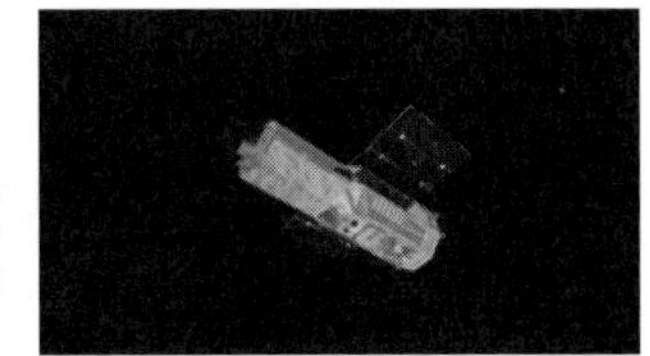

X線天文衛星「すざく」 (JAXA)

3 可視光天文学の発展

肉眼観測から望遠鏡・分光器へ

古代の天文学は、もっぱら肉眼による天体観測に頼ってきました。星々の運行から時刻を測り、暦を知ることで、農耕に活かしました。中世に入り大航海時代を迎えると、星の位置を測り、海の上でも自分の居場所を知る術を学びました。同時に、宇宙そのものの理解も大きく進みます。16～17世紀の天文学者ヨハネス・ケプラーは、師匠のティコ・ブラーエが長年蓄積した惑星運行の観測データから、地球を含む惑星が、太陽を焦点とする楕円軌道を描くこと（ケプラーの第1法則）を発見しました。地球が宇宙の中心ではないことが、科学的に立証された瞬間でした。

同じ頃、ガリレオ・ガリレイは、世界で初めて望遠鏡を宇宙に向けます。これが、肉眼による天文学からの大きな転換点となります。万有引力の発見者として名高いアイザック・ニュートンも、望遠鏡の改良に貢献した一人です。彼はプリズムを使った分光実験を行い、光の波長（色）によって屈折率が異なることを発見します。この性質のため、ガリレオが使ったレンズ式の望遠鏡では、波長によって焦点距離が変わり、像がぼやけます（色収差）。ニュートンはこれを克服するため、鏡面による反射式の望遠鏡を発明します。ハワイのマウナケア山頂にある「すばる望遠鏡」をはじめ、現代の大型可視光望遠鏡は、いずれも反射式の光学系を採用しています。

ニュートンが行なった分光実験は、望遠鏡の改良に活かされただけでなく、それ自体に重要な意義がありました。プリズムを通すことで光を色分けする技術は、その後「分光学」として発展します。ドイツの物理学者ヨゼフ・フラウンホーファーは、太陽の分光スペクトル中に、ところどころ暗い領域があることに気づきました。これらは、太陽の上層部に存在する元素が特定の波長の光を吸収するために生じます。同様にして、様々な天体の分光スペクトルを調べることで、天体の化学組成や運動状態がわかります。分光観測は、現代天文学を支える不可欠の要素なのです。

要点BOX

- ●古代の天体観測は肉眼でのみ行われた
- ●望遠鏡の発明により天文学は急速に発展
- ●分光観測により化学組成や運動状態がわかる

ガリレオ式(屈折式)望遠鏡

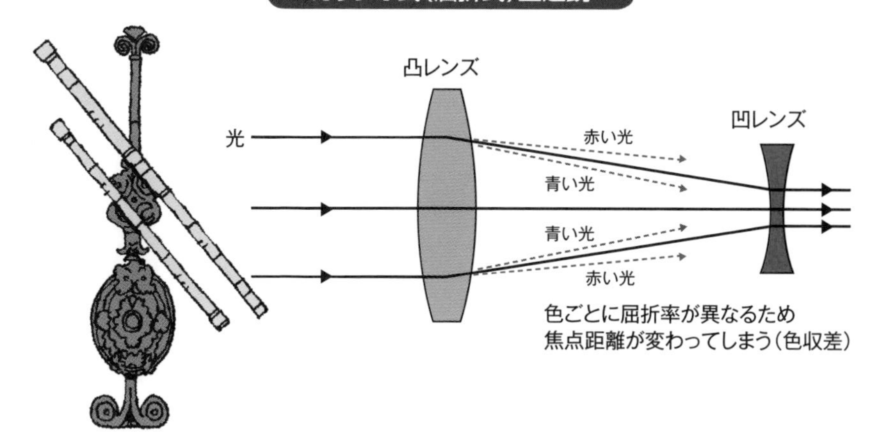

ニュートン式(反射式)望遠鏡

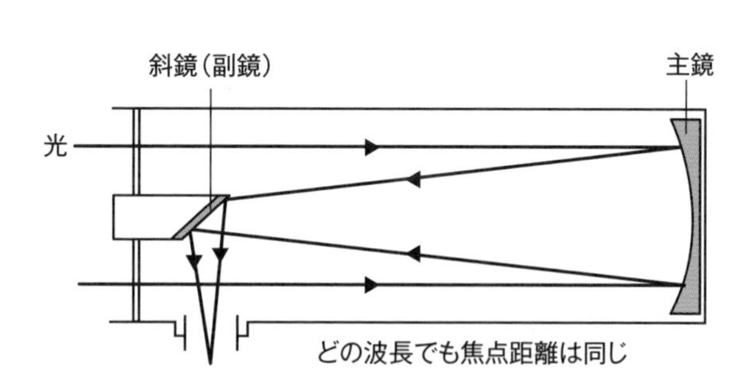

分光とフラウンホーファー線

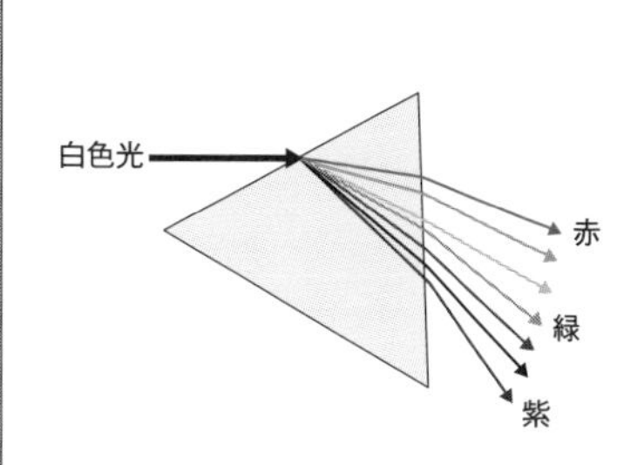

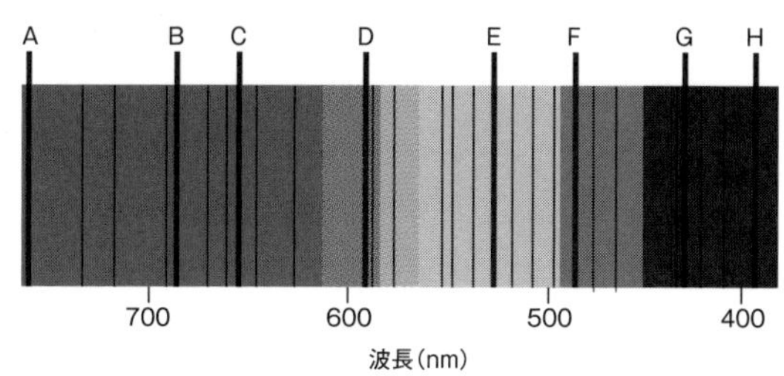

ところどころに見える黒い帯をフラウンホーファー線(暗線)と呼ぶ。強い暗線にはアルファベット記号が与えられており、例えばCは水素(Hα線)、Dはナトリウム原子の吸収に対応する。

4 星の誕生現場を見通す赤外線天文学

初めて見つかった「目に見えない光」

赤外線は、19世紀の初めに天文学者の手で発見されました。天王星の発見者としても名高いイギリスのウィリアム・ハーシェルは、太陽光をプリズムで分光して、温度計で色ごとの温度上昇を測っていたところ、赤よりも外側の領域で顕著に温度が上がることに気づきました。人間の目には見えない光、すなわち「赤外線」が、太陽から届いていたのです。

赤外線は、可視光よりも波長の長い光です。そのため、比較的温度の低い物質を見るのに適します。例えば、私たちの体は赤外線を出しています。自動ドアなどのセンサーが人体に反応するのは、それを感知するためです。宇宙には、肉眼で見える星の他にも、冷たい星間塵(48)が多量に存在します。星間塵はやがて凝縮して、新しい恒星や惑星を作ります(27)。生まれたての星は、塵に覆われ直接見ることができません。しかし、赤外線を使えば、星の誕生現場である塵自体が見えるのです。これが、赤外線天文学の第1の特徴です。

第2の特徴は、遠方天体の観測に適することです。2章で詳しく解説するように、私たちが暮らす宇宙は膨張を続けています。そのため、遠方から来る光は宇宙空間を伝播する際に、空間そのものの拡張に引きずられて波長が長くなります。これを「赤方偏移」と呼びます。赤方偏移の結果、遠方の天体から出た際には可視光や紫外線だった光が、私たちには赤外線として届くのです。また、光の速度は有限であるため、遠くから来る光ほど昔の宇宙から来る光に対応します。つまり、赤外線は過去の宇宙を見るのにうってつけなのです。

赤外線は可視光と波長が近く性質も似ているため、観測手法も可視光望遠鏡と大きくは変わりません。地上天文台のほか、人工衛星による観測も盛んに行われます。2021年にNASAが打ち上げを予定するジェイムズ・ウェッブ宇宙望遠鏡(JWST)も、赤外線を使って系外惑星や初期宇宙の探査を進めます。

要点BOX

- ●ハーシェルが太陽から届く赤外線を発見
- ●星の誕生現場を見るのに適する
- ●過去の宇宙を調べるのにも適する

赤外線の発見

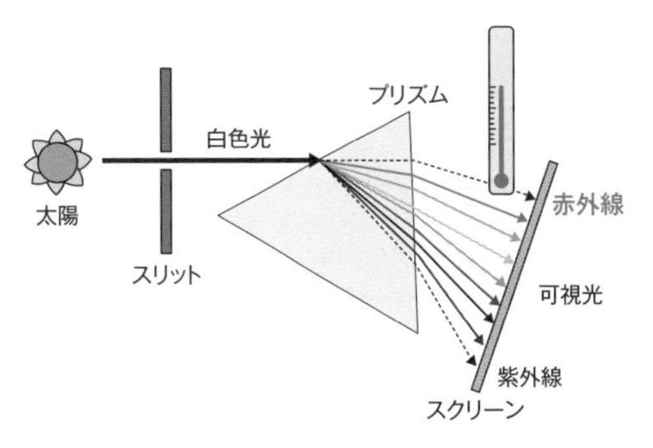

人体からも出ている赤外線

可視光と赤外線で見たオリオン座の星生成領域

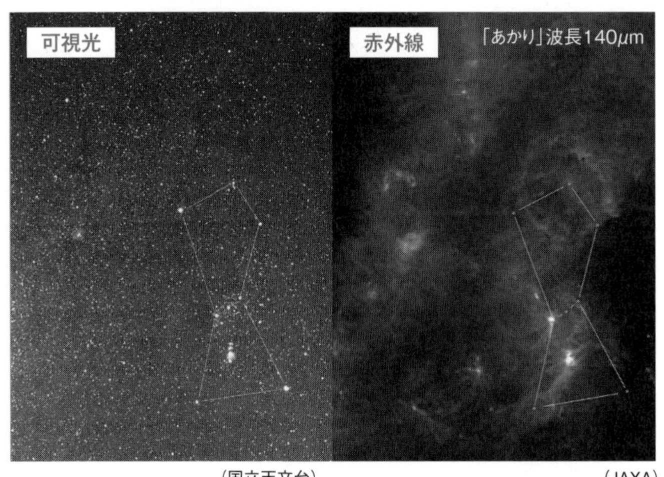

(国立天文台)　(JAXA)

左は可視光、右は赤外線天文衛星「あかり」が波長140 μmで見たオリオン座の星生成領域。生まれたての星を取り巻く濃い塵が星からの光で暖められるため赤外線を放射する。

赤外線で遠方天体を観測

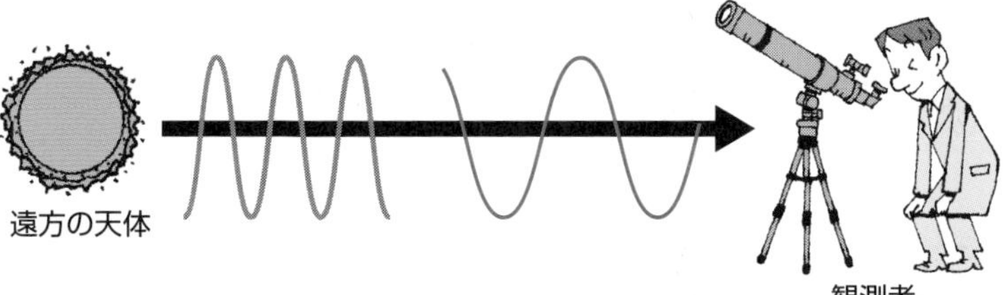

遠方から来る光は、観測者に届くまでの間に、宇宙空間の膨張に引きずられて波長が長くなる。そのため、初めは可視光や紫外線だった光が赤外線として観測される。

5 雑音の研究から始まった電波天文学

高い視力の秘訣は光の波動性

天文学の歴史では、正体不明の雑音を丹念に調べることから、新しい発見につながった例が少なくありません。電波天文学の始まりもその良い例と言えます。

19世紀後半から電波は通信に使われるようになり、20世紀初頭にはラジオ放送も始まりました。その当時、短波通信の技術者であったカール・ジャンスキーは、地球で起きる雷や人工電波とは異なる〝雑音電波〟の存在に気づきました。それは、天の川銀河の中心方向から到来する宇宙起源の電波でした。その後ジャンスキーが天文学に関わることはありませんでしたが、彼の偉業をたたえ、電波強度の単位には「ジャンスキー」が用いられます。

アマチュア無線の愛好者だったグロート・リーバーは、ジャンスキーの発見に興味を持ちます。彼は、自宅の庭にこしらえた自作の電波望遠鏡で観測を続け、世界で初めての天の川銀河の電波地図を作成しました（図）。

電波天文学は、第二次世界大戦中のレーダー技術の進歩にも助けられます。太陽フレア（21）からの電波は戦時中に検出され、戦後には活動銀河核やクェーサー（51）など、様々な電波源が特定されました。

電波は特に波長が長いため、光の波動性が卓越します。電波天文学ではこの性質を活かして、波の干渉を使った天体観測が行われます。図のように、複数台のアンテナを十分に離して設置すると、同一天体から来る同一の電波信号が、アンテナ間で時間的にズレて届きます。このズレの大きさは、電波の到来方向によって異なります。したがって、複数のアンテナで受信した信号がピッタリ重なり合う時間差を見つけることで、電波源の方向を特定できるのです。干渉計の解像度は、アンテナ間の距離を大きくすることで向上します。チリのアタカマ砂漠に設置されたアルマ望遠鏡は、直径16kmの円内に66台のアンテナを設置し、視力6000にも相当する解像度で宇宙を見つめます。これは、500km先にある一円玉の大きさを見分けられる視力に相当します。

要点BOX

- ●ジャンスキーが宇宙からの電波を発見
- ●波長の長さを活かし、波の干渉を使って観測
- ●干渉計は高解像度の撮像観測に適する

天の川銀河の電波地図

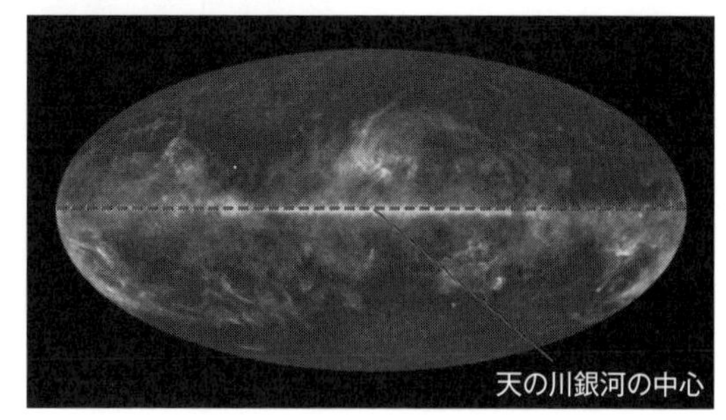

(ESA, HFI and LFI consortia)

リーバーが初めて明らかにした天の川銀河の電波放射分布(左)は、現代のプランク衛星(右)で、さらに精細に調べられている(両者は異なる座標系で描かれており、点線が銀河ディスクに対応)。

電波干渉計のしくみ

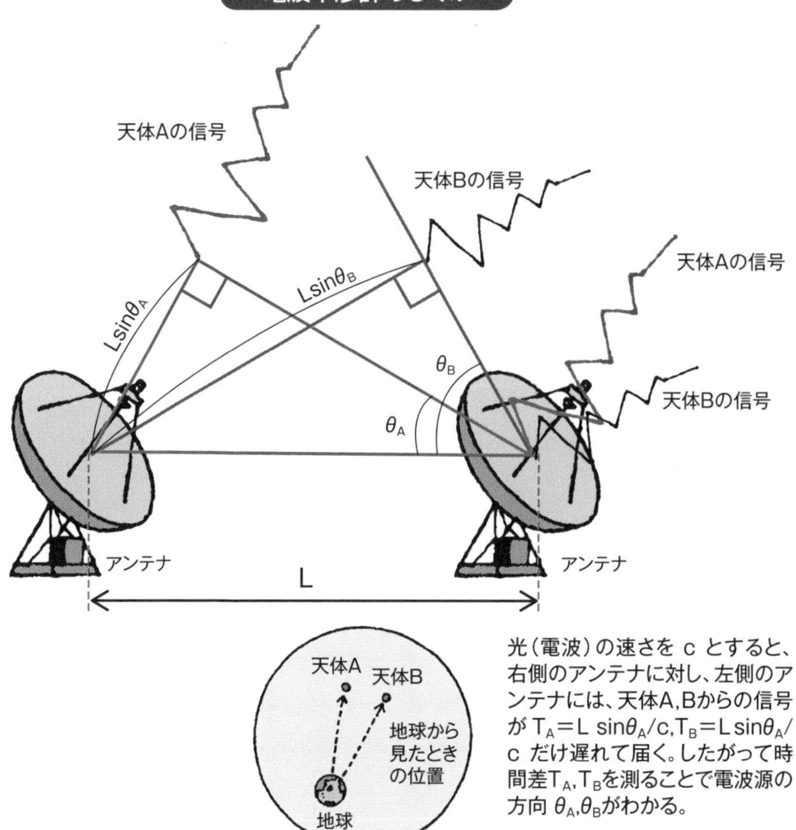

光(電波)の速さを c とすると、右側のアンテナに対し、左側のアンテナには、天体A,Bからの信号が $T_A = L\ \sin\theta_A/c, T_B = L\sin\theta_A/c$ だけ遅れて届く。したがって時間差T_A, T_Bを測ることで電波源の方向 θ_A, θ_Bがわかる。

6 幸運によって開花したX線天文学

灼熱の宇宙を観る新しい眼

宇宙から来るX線が初めて検出されたのは、1949年にハーバート・フリードマンらがロケットを使って太陽を観測したときのことでした。X線は大気に吸収されるため、宇宙空間に出なければ観測できません。地上の望遠鏡が観測天文学の唯一の手段だった時代には、宇宙からX線が来ることなど知る由もなかったのです。

その後しばらくの時を経て、1962年にリカルド・ジャコーニらが太陽系外からのX線を検出したことで、X線天文学は一気に花開きます。ジャコーニらは当初、月面を反射する太陽からのX線を観る目的でロケットを打ち上げました。ところが、月の方向からわずかに外れた位置に、予想外に強いX線を検出したのです。その発生源は「さそり座X-1」と呼ばれるX線連星で、太陽に次いで全天で2番目にX線で明るい天体でした。偶然近くにあった天体が太陽系外で最も強いX線源だったなんて、なんだか話が出来すぎているようにも思いますが、新しい学問分野の幕開けは往々にしてこのような幸運によってもたらされます。なお、ジャコーニはこの業績によって2002年にノーベル物理学賞を受賞しました。

「さそり座X-1」の発見後、X線天文学の観測手段は人工衛星が主流となります。これによって、地上の望遠鏡と同様の長時間観測やサーベイ観測が可能となり、多種多様なX線天体が発見されました。太陽や恒星のコロナ(21)、ブラックホール(35)、超新星残骸(41)、銀河団ガス(54)などが、その代表例です。

X線には大きな特徴が二つあります。一つは、温度やエネルギーの高い物質から放射されること。具体的には、摂氏100万度を超す高温プラズマなどが、X線で光ります。したがって、X線は肉眼では見えない灼熱の宇宙を捉えることができます。二つ目の特徴が、高い透過力です。X線を使ったレントゲン写真が人体の内部を見通すのと同じように、宇宙をX線で観ると、暗黒星雲などの濃い塵に埋もれた天体を直接捉えることができるのです。

要点BOX

- ●ジャコーニが太陽系外の強いX線源を発見
- ●高温・高エネルギーの天体がX線を放射
- ●X線は高い透過力を持つ

X線で観る熱い宇宙

X線：数百万度のコロナ

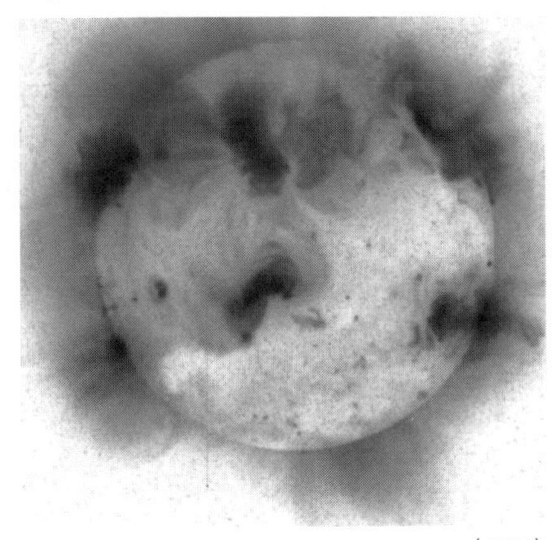

（JAXA）

太陽観測衛星「ようこう」で撮影

可視光：6千度の光球

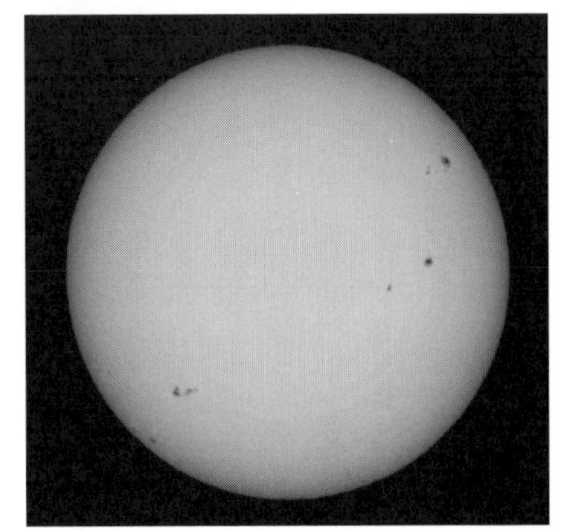

（Society for Popular Astronomy）

X線の特徴は高い透過力

レントゲン写真はX線で撮影

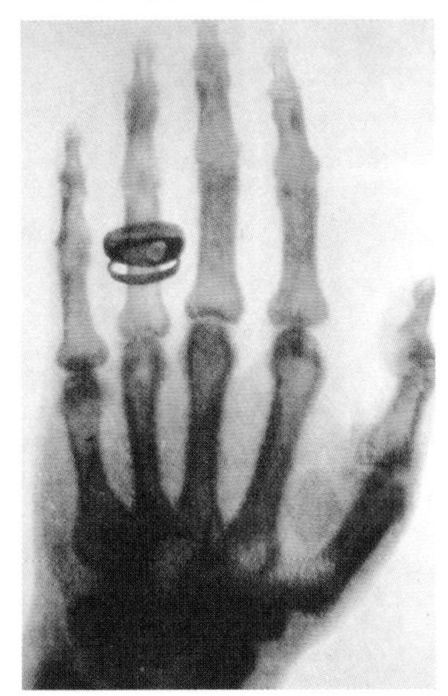

（Wilhelm Conrad Röntgen）

塵に埋もれた天体を直接観測

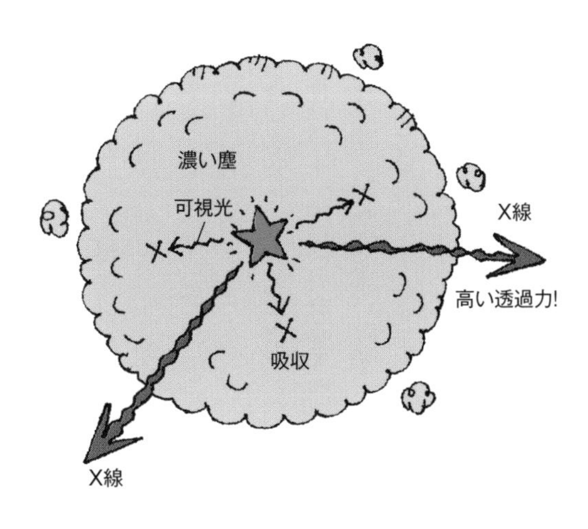

7 最高エネルギーの光を観るガンマ線天文学

米ソ冷戦がもたらした驚きの発見

X線とガンマ線は、いずれもエネルギーの高い電磁波です。物理学においては、両者は放射機構の違いで区別され、電子の軌道変化に伴って出る電磁波をX線、原子核の状態遷移に伴って出る電磁波をガンマ線と呼びます。一方、天文学においては、両者は波長によっておおまかに区別されており、10nmから10pmあたりまでをX線、それより波長の短い光をガンマ線と定義します。

ガンマ線天文学の黎明期において特に重要な発見を成し遂げたのが、アメリカの人工衛星群「ヴェラ・シリーズ」です。ヴェラは元々、天文学用の衛星ではなく、米ソ冷戦期に締結された部分的核実験禁止条約の遵守を監視するための軍事衛星として開発されました。ところが1967年に、そのうちの2機が宇宙からやってくる謎のガンマ線放射を捉えます。発見後しばらくの間は軍事機密として扱われたため、天文学の論文誌に報告されたのは1973年になってからでした。

ヴェラ・シリーズが捉えたガンマ線は、大質量星の爆発に伴う、ガンマ線バースト（42）によるものでした。その後ガンマ線バーストの研究は、NASAの旗艦ミッションのひとつでもあるコンプトン・ガンマ線天文台や、2004年に打ち上げられたニール・ゲレルス・スウィフト衛星によって、大きく進展します。

ガンマ線は、他の天体からもやってきます。2008年に打ち上げられたフェルミガンマ線宇宙望遠鏡は、超新星残骸（41）で加速された宇宙線陽子起源のガンマ線や、天の川銀河の過去の活動性を示す「フェルミバブル（50）」を発見するなど、顕著な成果を挙げています。

ガンマ線天文学は地上からでも行えます。ナミビアに設置されたヘス・ガンマ線望遠鏡は、宇宙から飛来するガンマ線が地球大気と反応する際に放射される「チェレンコフ光」を検出することで、ガンマ線のエネルギーと到来方向を測定します。現在、ヘスよりもさらに高感度の「チェレンコフ望遠鏡アレイ（CTA）」の建設が進められており、今後の活躍に期待が寄せられます。

要点BOX
- ●ガンマ線は最も波長の短い光
- ●核実験の監視衛星が偶然、宇宙ガンマ線を観測
- ●地上の望遠鏡でも間接的に観測できる

X線とガンマ線の区別

本来の区別

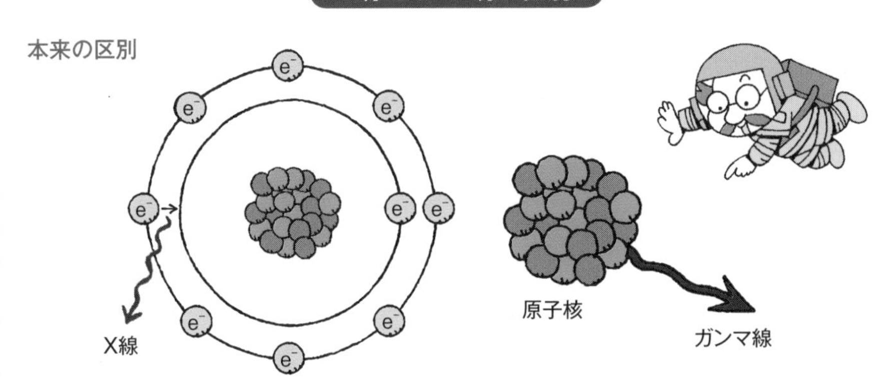

天文学における区別

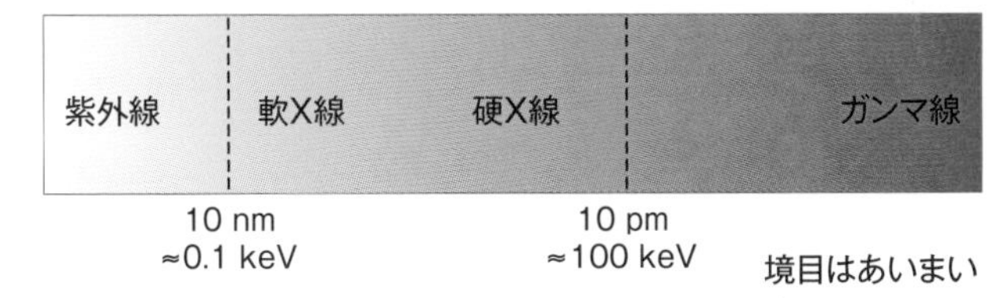

超新星残骸IC443からのガンマ線

(NASA/DOE/Fermi LAT Collaboration, NOAO/AURA/NSF, JPL-Caltech/UCLA)

フェルミガンマ線宇宙望遠鏡が捉えたガンマ線放射(中央の淡く広がった成分)。超新星残骸の衝撃波で加速された宇宙線陽子が周辺の分子雲と衝突することにより放射される。

チェレンコフ望遠鏡アレイ(CTA)

(CTA/M-A. Besel/IAC(G.P. Diaz)/ESO)

ガンマ線が大気に衝突した際に生じる微弱な光を観測できる、チェレンコフ望遠鏡アレイ(Cherenkov Telescope Array; CTA)の完成予想図。

8 天から降る粒子を観る宇宙線天文学

素粒子物理学の発展をもたらした謎の放射線

高い運動エネルギーをもつ粒子（電子や陽子）とガンマ線などの電磁波は、総称して「放射線」と呼ばれます。20世紀初頭、自然界の放射線は地殻中から来る成分であり、上空に行けば大気の遮蔽で減っていくはずだと考えられていました。しかし、オーストリア生まれの物理学者ヘスは、1911年頃に、気球を使って高度5㎞まで上昇する実験を行い、高度の上昇に伴って放射線量が増加することを明らかにしました。地球外を起源とする放射線粒子、すなわち「宇宙線」の発見です。

宇宙のどこかで発生した、高エネルギーの陽子や電子などの「宇宙線」は、絶えず地球に到来しています。そして、大気中の原子核に衝突して「宇宙線シャワー」と呼ばれる、目には見えない多数の粒子のシャワーをネズミ算式に生み出します。地上へと降り注ぐ宇宙線シャワーの中には、当時の人類が知らなかった素粒子も含まれており、その軌跡の観測（霧箱実験など）によって、初期の素粒子物理学が開拓されました。たとえば、電子の反粒子である陽電子は、物理学者アンダーソンが宇宙線シャワーの中から発見したものです。

宇宙線の主成分は陽子ですが、ヘリウム、炭素、窒素、酸素、鉄などの原子核も含まれており、高エネルギー宇宙線ほど数が少なくなっていきます。宇宙線粒子は電荷を帯びているため、磁力線の影響を受けて運動の方向が曲がり、発生源の天体から地球に届くまでに、元の到来方向の情報を失います。実際、地球で観測される宇宙線はほぼ全天から等方的に降り注いでいます。高エネルギーの宇宙線がいったいどこで生み出されているかを明らかにすることは、天文学における最重要テーマの一つです。

現在、地上のテレスコープアレイ実験は超高エネルギー宇宙線を観測しています。また、国際宇宙ステーションに設置されたアルファ磁気分光器や高エネルギー電子・ガンマ線観測装置CALETは、反粒子や暗黒物質も狙った宇宙線の測定を進めています。

要点BOX
- ●気球を使った実験で、宇宙線が発見された
- ●大気と反応し、宇宙線シャワーとして降り注ぐ
- ●宇宙線の起源解明は重要な研究テーマ

宇宙線シャワー

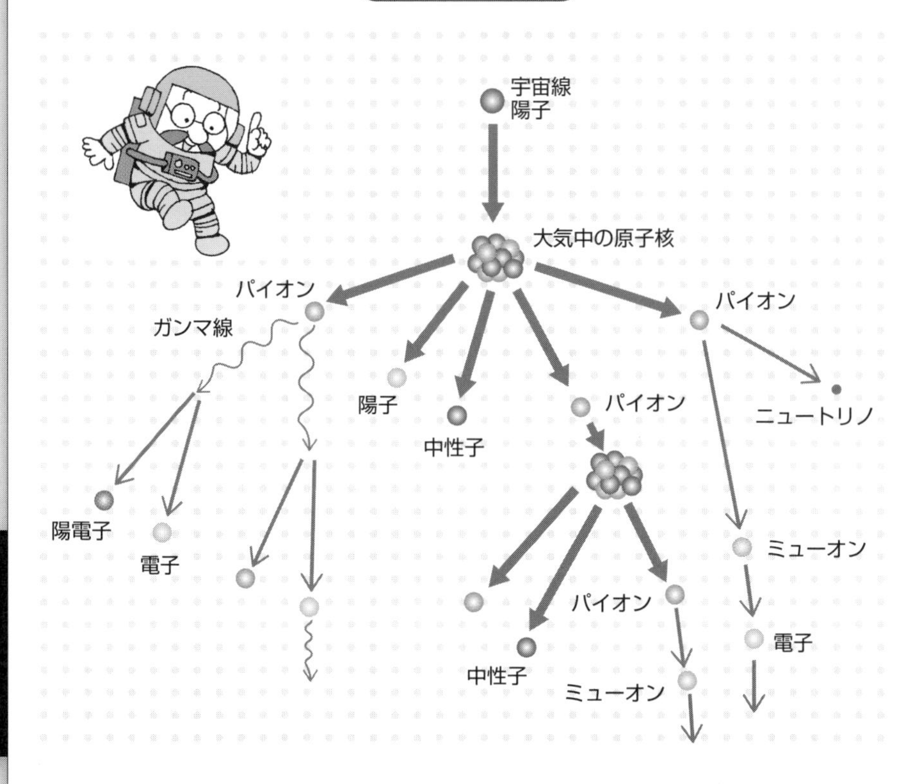

ヘスの気球実験

(American physical society)

チベット空気シャワー観測装置

©東京大学宇宙線研究所

9 幽霊粒子を捉えるニュートリノ天文学

超低質量の粒子が伝える星の核心部

私たちの物質世界がどのような素粒子で構成されるかを明らかにした、現代物理学の金字塔「標準理論」では、物質はアップクォーク、ダウンクォーク、電子、ニュートリノなどの素粒子から成り立つとされます（実際には、3世代のクォークとレプトン、それらの反粒子がありまず）。このうち、質量が極めて小さく、他の物質とほとんど反応しない、幽霊のような粒子が「ニュートリノ」です。

1987年2月23日、岐阜県の神岡鉱山に作られたニュートリノの観測装置「カミオカンデ」に、大マゼラン雲の方角から11個のニュートリノが飛び込んできました。カミオカンデは、直径16メートルの巨大な水槽に3000トンの水をたたえ、ニュートリノが水中の原子核とごく稀にぶつかる際に発生するチェレンコフ光を、水槽の壁面に備え付けた光電子増倍管で捉えます。11個のニュートリノがわずか13秒間の間にまとまって捉えられると、そこから少し遅れて、大マゼラン雲で発生した超新星爆発SN1987Aが、可視光で観測されました。SN1987Aは、大質量の恒星が一生の最後に、重力崩壊を起こすことで発生した超新星です（39）。崩壊の直後、高密度な天体（原始中性子星）が形成される際に、ニュートリノが大量に発生します。カミオカンデは、その瞬間を捉えたのです。この発見によりニュートリノ天文学の幕が開かれました。また、一連の研究を主導した東京大学の小柴昌俊は、この業績によって2002年のノーベル物理学賞を受賞します。

カミオカンデの成功を受け、神岡鉱山にはさらに巨大な「スーパーカミオカンデ」が建設されました。スーパーカミオカンデは、太陽から飛来するニュートリノの観測でも成果を挙げています。太陽の中心核で発生する光は表面まで到達するのに何十万年もかかりますが、容易に物質を突き抜けるニュートリノは数秒で表面まで到達します。最近では、南極でニュートリノ観測を行う「アイスキューブ実験」なども活躍しています。

要点BOX

- ●極めて軽く、物質とほとんど反応しないニュートリノ
- ●ニュートリノ天文学の幕開けはカミオカンデから
- ●太陽の核心部までをも見通すことができる

ニュートリノの観測

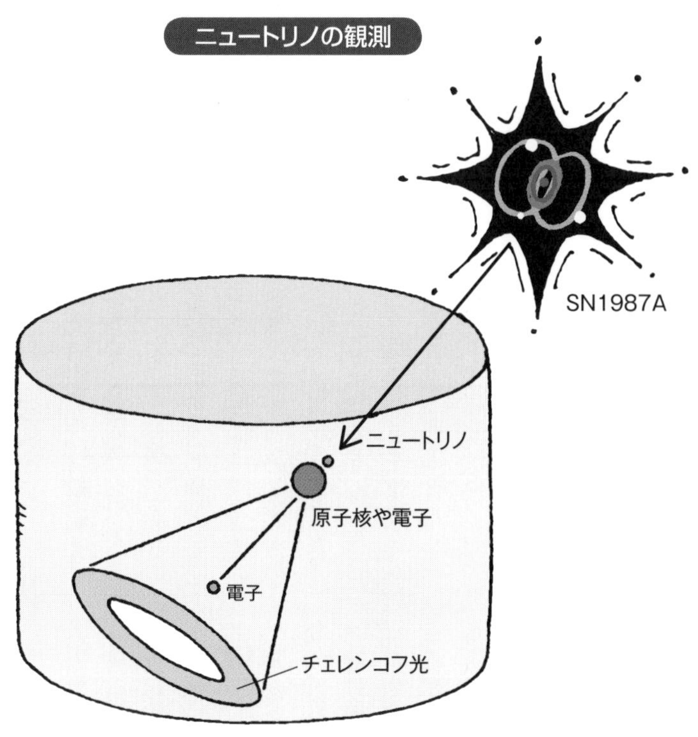

カミオカンデやスーパーカミオカンデは
大量の水で幽霊粒子ニュートリノを検出する。

カミオカンデ内部の様子

上：カミオカンデ満水時。タンク上部から撮影。
右：SN1987Aからのニュートリノ観測データ。中央0秒のところから始まる11例が超新星ニュートリノ事象を表す。

カミオカンデが検出した SN1987Aからのニュートリノ

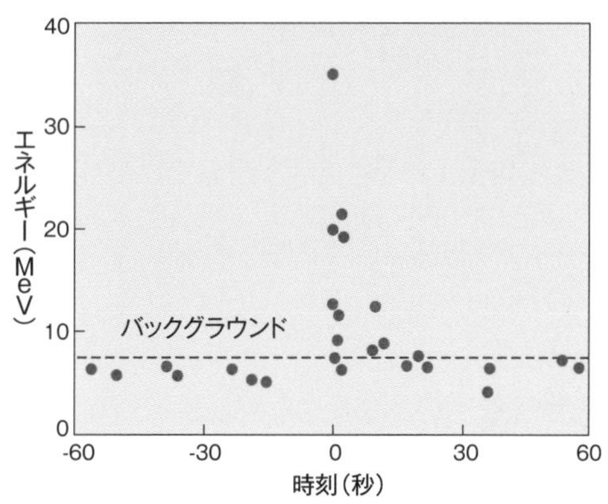

10 時空のさざなみを聞く重力波天文学

アインシュタインの最後の宿題

アインシュタインは1905年に特殊相対性理論を発表しました。この理論は、止まっている観測者にとっても、等速で運動する観測者にとっても、光の速さが同じになるという「光速度不変の原理」に基づいて構築され、観測者によって時間の進み方が異なることを予言します。このアイデアに重力場（加速度）の影響も取り込んだのが、一般相対性理論です。この理論に基づくと、質量を持つ物体の周辺で時空が歪みます。また、そのような物体が運動すると時空の歪みが変動するので、それがさざなみとして遠くまで伝搬することが予想されます。これが「重力波」です。

重力波は極めて微弱なので、最近まで直接検出は難しいと考えられていました。しかし、間接的な証拠は50年近くも前から報告されています。1974年、ハルスとテーラーは、2つの中性子星がお互いの周りを回る連星中性子星PSR B1913+16を観測し、連星の軌道が徐々に小さくなっていることを発見しました。この事実は、連星系が重力波の放出によってエネルギーを失っていることを意味します。また、その損失率は一般相対性理論の予想と見事に一致するものでした。この業績により、ハルスとテーラーは、1993年にノーベル物理学賞を受賞しています。

そして2015年、人類はついに「アインシュタインが残した最後の宿題」とも言われた重力波の直接検出を成し遂げます。米国の2箇所に設置された「レーザー干渉計重力波天文台LIGO」が、2つのブラックホールの合体に伴う重力波を検出したのです（43）。レーザー干渉計とは、図のような2本の長い腕にレーザー光を放ち、重力波の通過に起因する腕の長さの微小な変化を検出する装置です。この初検出を皮切りに、重力波天文学は一気に花開き、2017年には2つの中性子星が合体するイベントも捉えられました。日本でも、スーパーカミオカンデと同じ山の中に、重力波望遠鏡「かぐら」が設置され、時空のさざなみに聞き耳をたてています。

●一般相対性理論によって重力波が予言された
●連星の観測から、重力波放射の傍証を得た
●現在は時空の歪みから重力波の直接検出が可能

重力波発生の仕組み

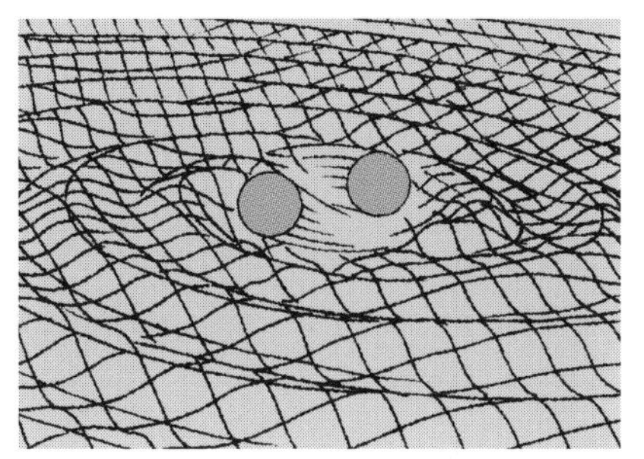

中性子星やブラックホールなどの重い天体が運動すると、時空の歪みが波として周囲に伝わる。

重力波天文台LIGO

（Caltech/MIT/LIGO Lab）

米国ルイジアナ州リビングストンとワシントン州ハンフォードにそれぞれ1台ずつのレーザー干渉計を備える。

重力波検出の仕組み

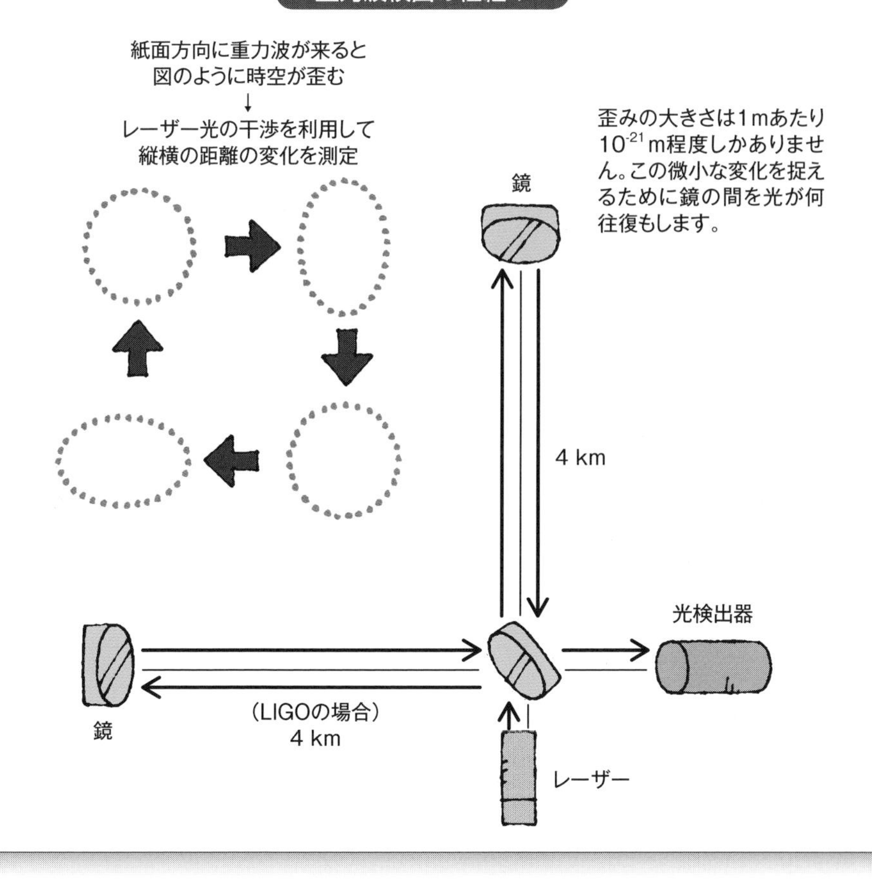

Column

天文学者のお仕事

〝What people think I do〟（人々は私が何をしていると思っているか）というインターネット・ミームをご存知でしょうか。まずは検索してみてください。様々な職業について、友人や両親にはどのような仕事内容だと思われており、実際には何をしているか（What I really do）を面白おかしく表現した、6コマ漫画のような作品が多数出てきます。筆者（山口）の米国時代の同僚が当時これにハマっていて、よく新ネタを見せられていました。その中に、〝Astrophysicist〟（天体物理学者）というバージョンがあり、その内容に妙に納得した記憶があります。残念ながら、現在は多数の亜種がネット上に出回っており、当時目にしたものは見つからなかったのですが、記憶している内容を文字にすると、大体次の通りです。

（1）私の友人は、私が黒板に難しい数式を書いて議論していると思っている。
（2）私の母親は、私が望遠鏡を覗いて夜空を観測していると思っている。
（3）私の隣人は、私が星座について語っていると思っている。
（4）私の先生は、私がいつもサボっていると思っている。
（5）政府は私がお金をドブに捨てていると思っている。
（6）私が実際にやっているのは、コンピュータに向かってプログラムを書くことである。

皆さんは天文学者と聞いて、どのような仕事内容を思い浮かべるでしょうか？　おそらく（2）のように「望遠鏡を覗いている」と想像される方が多いのではないかと思います。しかし実際には、望遠鏡を「覗いて」いる天文学者は、現代ではほとんどいません。第1章で解説したように、私たちは肉眼では見えない光も扱います。また、肉眼で見える可視光であっても、今はCCDなどのイメージセンサを使って光を検出します。そのため、いつも私たちの目の前にあるのは、センサが取得したデジタルデータです。これを処理するためのプログラムを書き、解析することに、研究時間のほとんどを費やします。まさに（6）の通りなのです。

また、同じ理由で、天文学者が星座に詳しいとも限りません。もちろん、中には詳しい方もいらっしゃいますが、少なくとも筆者は「〇〇座はどこ？」と聞かれても全く答えられません。悲しい哉、それくらい、夜空に関して無知でも務まってしまうのが、天文学者のお仕事なのです。

第2章

宇宙の大きさと距離

11 宇宙の階層構造と距離はしご

宇宙の大きさを測る様々な「ものさし」

「宇宙」の宇は空間を、宙は時間を表します。人類の叡智を結集した現代の天文学によると、宇宙には始まりがあり、今なお成長し続けていることが知られます。こうした宇宙の進化史と空間構造を正しく理解することは、天文学の大きな目標のひとつです。

古代の人々は、星は大地を取り囲む「天球」に張りつく存在だと考えました。星空を模擬するプラネタリウムでも、半球面に星を投影します。しかし、本当の夜空には奥行きがあり、天体までの距離も様々です。一見すると同じに見える光源は、太陽系の近くにある恒星かもしれませんし、宇宙の遥か彼方の銀河かもしれません。天体までの距離を正確に測ることは、宇宙の3次元的な構造を理解するための重要な一歩です。

次項以降で詳しく見ていくように、宇宙は様々なスケールの階層を持ちます(図)。太陽と惑星からなる太陽系、恒星がたくさん集まる銀河、多数の銀河が構成する銀河団、さらに銀河団同士を繋ぐ大規模構造と、空間スケールの幅は10桁以上にまたがります。そのため、距離を測る「ものさし」も1種類ではなく、様々な測定法が天体の規模に応じて使い分けられます。比較的近い天体から宇宙論的な遠方天体まで、いくつかのステップに分けて、距離測定を行うのです。これを「宇宙の距離はしご」と言います(図)。距離によっては2つ以上の測定法が使えるので、それを利用して「ものさし」の較正(こうせい)も行えます。

また、空間的な長さの単位にも様々なものがあり、天体の大きさや距離に応じて適切なものが使われます。太陽系内の距離には天文単位(Astronomical Unit, AU)、太陽系外の恒星や近傍の銀河には光年やパーセク(parsec, pc)など。銀河団やクェーサー(6章)などの遠方天体に対しては、赤方偏移(4)の大きさを使って距離を表現します。本章では、こうした単位の物理的な意味を理解するとともに、宇宙の各階層の大きさを実感していただきます。

要点BOX

- ●宇宙は幅広い階層構造を持つ
- ●スケールに応じた「ものさし」で距離を測る
- ●AU、pcなど、スケールに合った単位を使う

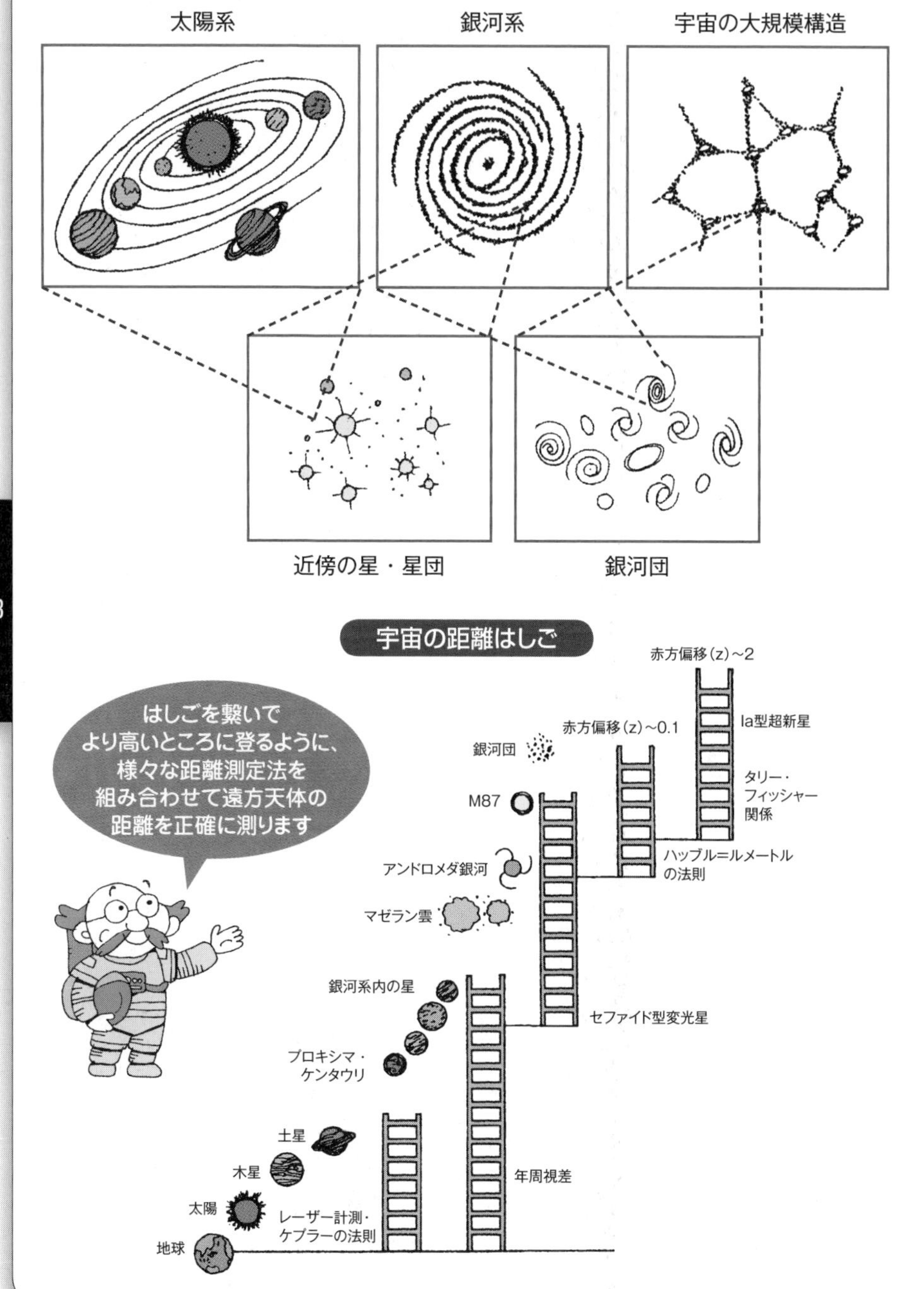
宇宙の階層構造
太陽系
銀河系
宇宙の大規模構造
近傍の星・星団
銀河団
宇宙の距離はしご
はしごを繋いで
より高いところに登るように、
様々な距離測定法を
組み合わせて遠方天体の
距離を正確に測ります
赤方偏移(z)~2
Ia型超新星
赤方偏移(z)~0.1
銀河団
タリー・
フィッシャー
関係
M87
ハッブル=ルメートル
の法則
アンドロメダ銀河
マゼラン雲
銀河系内の星
セファイド型変光星
プロキシマ・
ケンタウリ
土星
木星
年周視差
太陽
レーザー計測・
ケプラーの法則
地球

12 宇宙の小さな家族「太陽系」

階層構造の最小単位

太陽系は、宇宙の階層構造の中で最も小さく、最も身近な存在です。自らのエネルギーで光り輝く太陽を中心に、8つの惑星と5つの準惑星が、その周りを公転します(図)。これらに加えて、多数の小惑星や彗星、月をはじめとする各惑星の衛星なども、太陽系という家族の一員です。

小惑星の多くは、火星と木星の間にある「メインベルト(小惑星帯)」や、海王星の外側にある「カイパーベルト」に存在します。しかし中には、これらを外れて地球の近くを周る天体もいます。JAXAの「はやぶさ」シリーズで有名になったイトカワやリュウグウも、そうした「地球近傍小惑星」の一種です。一方、彗星は、太陽から遠く離れたカイパーベルトや、その外側を球殻状に取り巻く「オールトの雲」からやって来ると考えられています。

太陽系内の距離を表す際には、「天文単位(AU)」がよく使われます。1AUは約1億5千万キロメートル。これは、太陽―地球間の平均距離に相当します。木星と海王星の軌道半径は、それぞれ5AUと30AU。キリのいい数字で表せて便利です。太陽からオールトの雲までの距離は1万～10万AU程度とされており、この辺りまでが太陽の重力圏になります。

惑星や衛星など、太陽系内の天体までの距離は、近い場合はレーザー光の直接照射によって測定できます。光の速度は約30万km/秒なので、レーザー光が天体に反射して戻ってくるまでの時間と光速を掛け算することで距離が決まります。一方、遠くの惑星に対してはレーザー光が届かないので、別の方法で距離を測ります。例えば、惑星の軌道半径の3乗は、公転周期の2乗に比例することが知られます。したがって、惑星の運行を詳しく調べることで、軌道半径、すなわち太陽からの距離が決まります。この比例関係は「ケプラーの第3法則」として経験的に発見されたものですが、惑星に働く太陽の重力と遠心力の釣り合いを解くことで、簡単に証明できます(図)。

要点BOX

- ●太陽系は8つの惑星、5つの準惑星からなる
- ●距離を表すのに天文単位(AU)が便利
- ●軌道半径はケプラーの第3法則から求まる

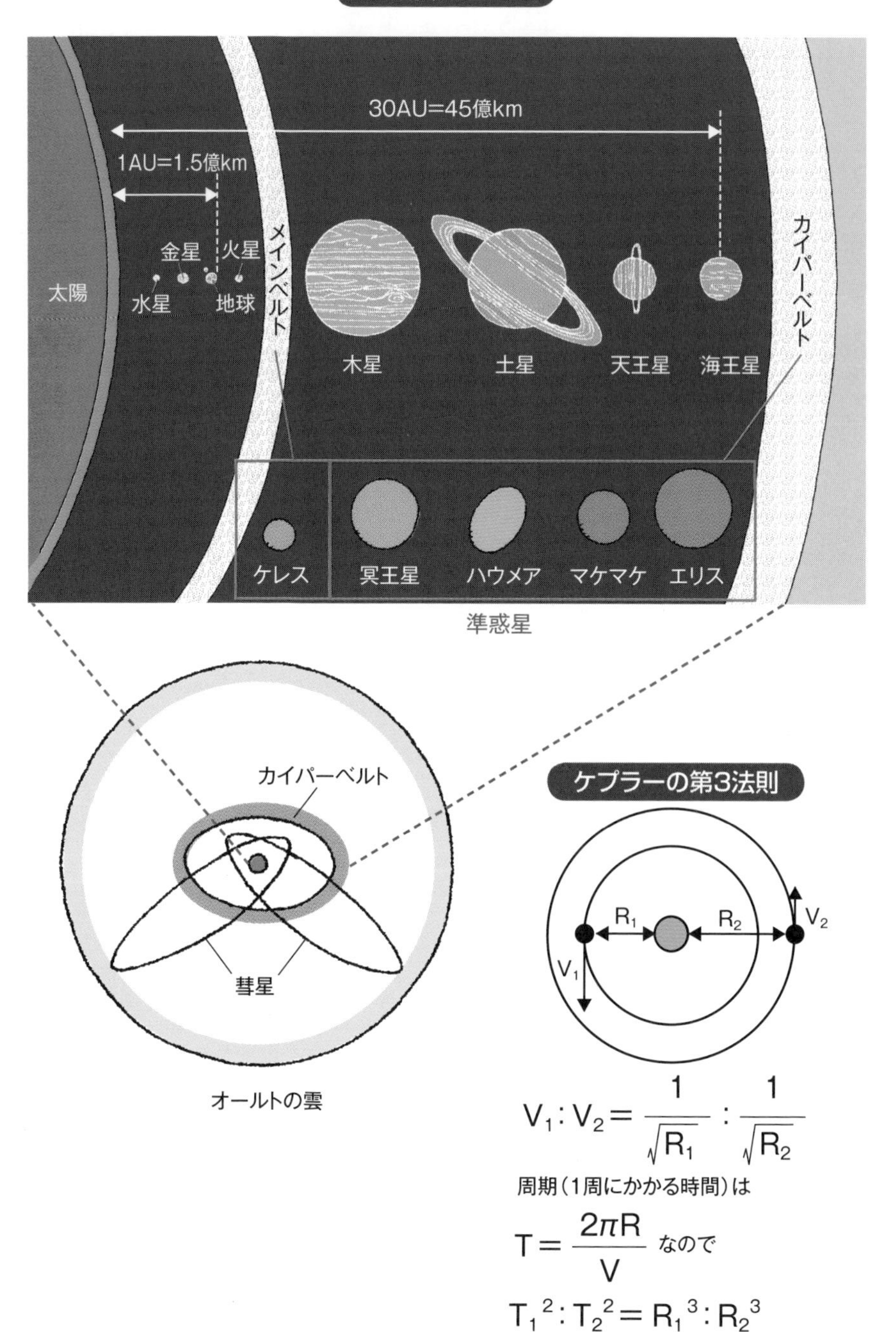
太陽系の星々
30AU=45億km
1AU=1.5億km
太陽
金星
火星
水星
地球
メインベルト
木星
土星
天王星
海王星
カイパーベルト
ケレス
冥王星
ハウメア
マケマケ
エリス
準惑星
カイパーベルト
彗星
オールトの雲
ケプラーの第3法則
R1
R2
V1
V2
V1 : V2 = 1/√R1 : 1/√R2
周期（1周にかかる時間）は
T = 2πR/V なので
T1² : T2² = R1³ : R2³

13 太陽系のご近所の星たち

三角測量で距離を測る

太陽系の一番近くにある恒星は、1915年に発見されたプロキシマ・ケンタウリです。その距離を天文単位で表すと、26万8千AUほど。しかし、太陽系外への距離を表す場合、AUよりも「光年」や「パーセク（pc）」という単位の方が、一般によく使われます。1光年は、光が1年間に進める距離のことで、約9・5兆キロメートルに相当します。

一方、パーセクという単位の定義は、距離の測定方法に関係します。近隣の星など比較的近い天体の距離測定には、「三角測量」の原理が使われます。今あなたが見ている景色の中から、目印になるものを見つけてください。まずは右目を閉じた状態で目印に向かって腕を伸ばし、親指を重ねます。そのまま右目を開き、今度は左目を閉じると、親指と目印がずれていることに気づきます。このような、左右の目で見える像の違いを「視差」と呼び、その大きさによって奥行きを把握できます。同様に、春分点と秋分点のような、地球の公転軌道円上で最も離れた2点を使って「宇宙規模の三角測量」を行うと、距離に応じて位置のズレが得られます。このズレを「年周視差」と呼び、年周視差が1秒角になる距離を1 pcと定めます。プロキシマ・ケンタウリの年周視差は約0・77秒角なので、1÷0.77=1.3pcです。あるいは、1 pc＝3・26光年の関係から、距離4・2光年とも表せます。太陽から一番近い恒星でさえ、光が行って帰ってくるのに8年半もかかるのです。

1989年に欧州宇宙機関（ESA）が打ち上げた世界初の位置天文衛星ヒッパルコスは、100 pc以内にある2万個以上の恒星の年周視差を正確に測り、距離を決定しました。同じくESAが2013年に打ち上げたガイア衛星は、ヒッパルコスよりはるかに高い位置決定精度を活かして、これまでに10 k pc圏内にある20億個近い恒星の距離を決定しています。日本も小型JASMINEと呼ばれる位置天文衛星の開発を進めており、天の川銀河中心付近の3次元地図を作る予定です。

要点BOX

- ●星までの距離は光年やパーセク（pc）で表す
- ●年周視差から距離を測定
- ●ESAのガイア衛星が距離測定に大活躍

視差のしくみと、星までの距離の測り方

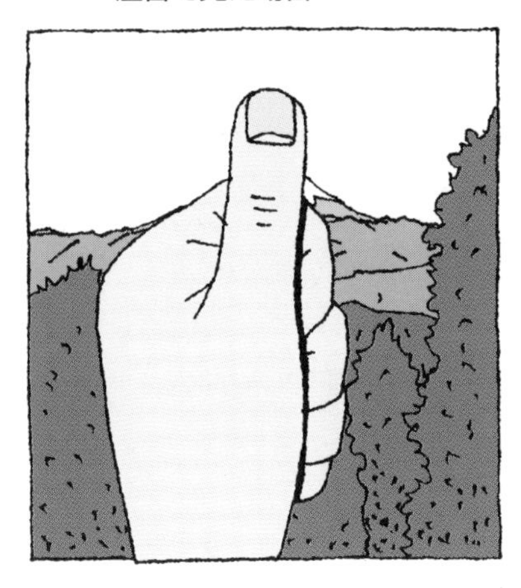

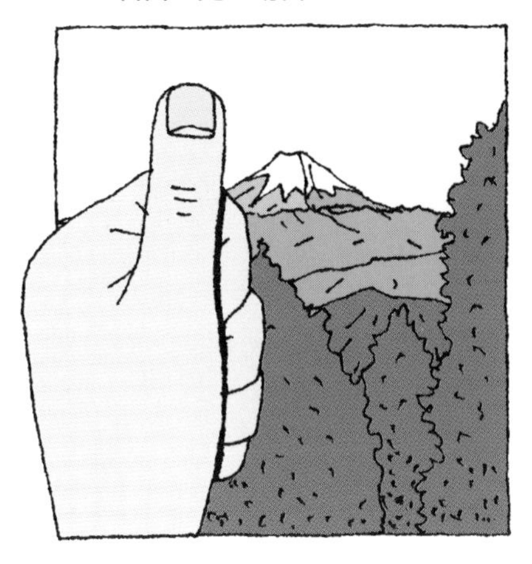

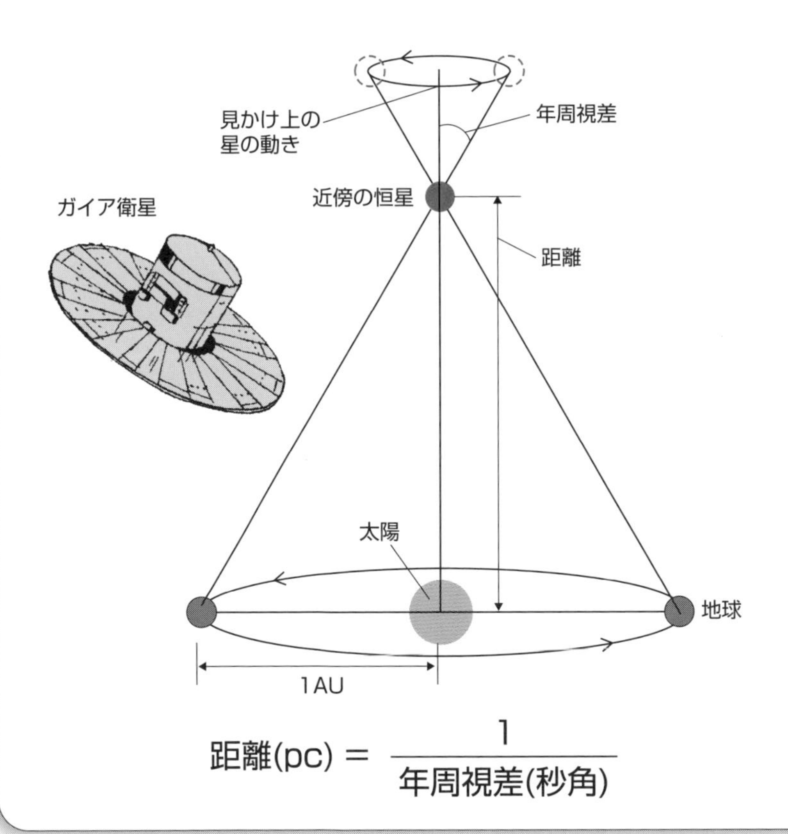

$$距離(pc) = \frac{1}{年周視差(秒角)}$$

14 天の川銀河とマゼラン雲

「標準光源」の発見

街の光がない海や山から夜空を見上げると、ぼんやりとした光の筋、天の川が見つかります。その正体は、私たちが住む銀河系を構成する数千億個の星々です。天の川銀河は、直径が約10万光年、厚みが約1千光年のディスク（円盤）と、直径1万5千光年ほどのバルジ、それらを取り囲むハロー領域からなります。ディスクとバルジには特に星が多く、真横から眺めるとドラ焼きのような形に見えると想像されています。太陽系は、天の川銀河の中心から2万6千光年ほどの距離にあり、ディスクの内部に位置します。そのため、ディスクに密集する星々が、あたかも川のように見えるのです。銀河の詳しい形状や運動は、6章で改めて解説します。

天の川銀河は、大マゼラン雲・小マゼラン雲という2つの矮小銀河を従えています。いずれも日本からは見えませんが、南半球に行くと夜空に明るく広がった雲のように観測されます。16世紀に世界一周を目指したマゼラン一行が航海の目印にしたことにちなんで、このような名前で呼ばれています。大マゼラン雲は16万光年、小マゼラン雲は20万光年ほどの距離にあり、天の川銀河の重力に引きつけられています。

マゼラン雲は、距離はしごの基準点としても重要な存在です。20世紀初め、アメリカの女性天文学者ヘンリエッタ・リービットは、小マゼラン雲に多数の変光星を発見し、「明るいものほど変光周期が長い」という事実に気がつきます。「セファイド型変光星」と呼ばれる種族の星でした。同じ種族の変光星は、他の銀河にも多数見つかります。それらの変光周期がわかれば、小マゼラン雲の変光星から得られた周期-光度関係に当てはめることで、絶対的な明るさがわかります。これを見かけの明るさと比べることで、変光星までの距離がわかるのです。このように距離の指標として利用できる天体のことを「標準光源」と呼びます。セファイド型変光星は非常に明るいため、年周視差の検出が難しい遠方天体の距離測定に役立てられています。

要点BOX
- ●天の川銀河はディスク、バルジ、ハローからなる
- ●距離はしごの基準点として重要なマゼラン雲
- ●セファイド型変光星は代表的な宇宙の標準光源

天の川銀河と大小マゼラン雲

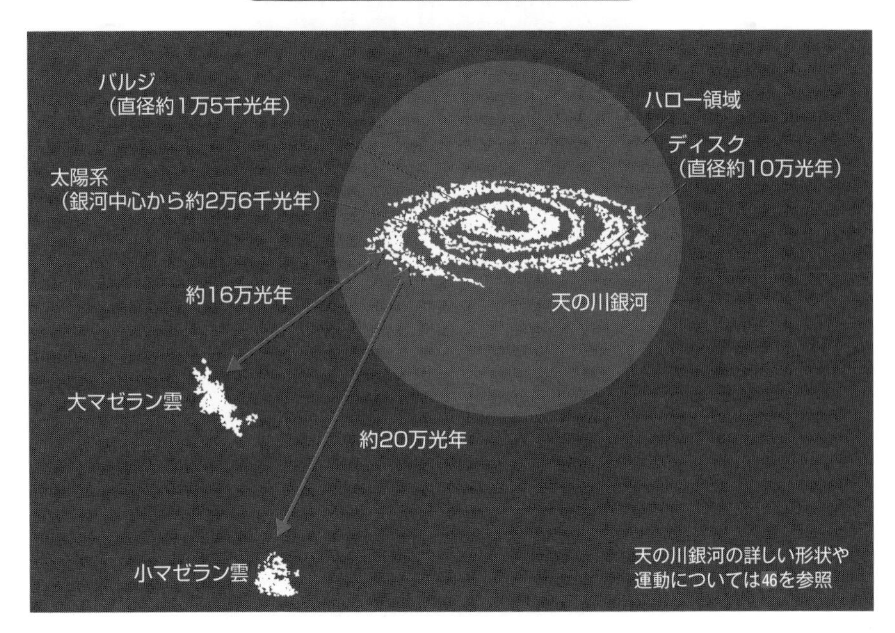

標準光源を使って天体までの距離を測る

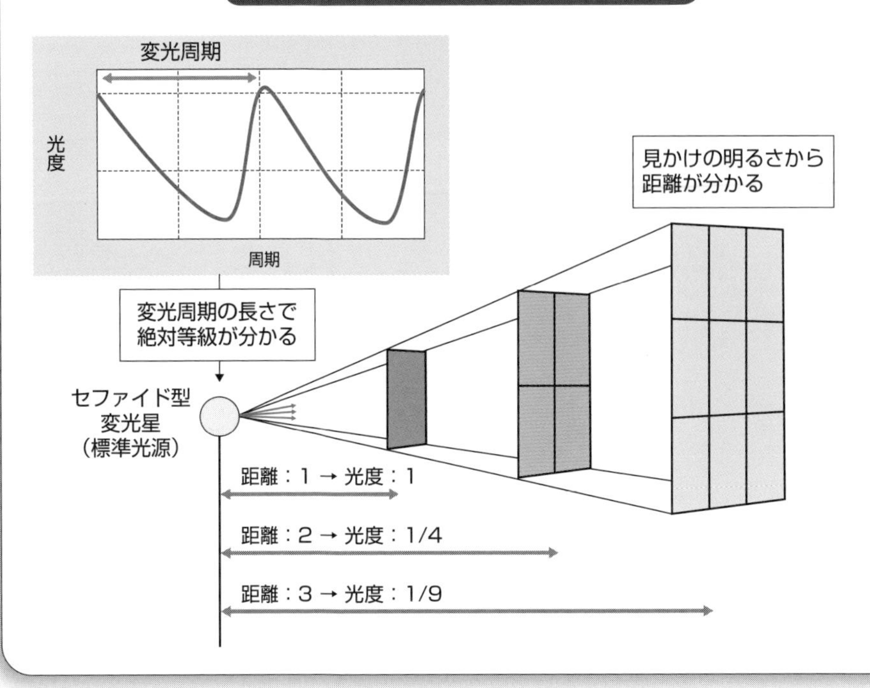

15

島宇宙と局所銀河群

シャプレーとカーチスの大論争

マゼラン雲などの小さな銀河を除くと、天の川銀河に最も近い大型の銀河はアンドロメダです。この銀河は、18世紀の天文学者シャルル・メシエが作った天体カタログの31番目に載せられたことから、M31とも呼ばれます。地球からM31までの距離は約250万光年。大マゼラン雲より15倍以上遠くにありますが、天気が良ければ肉眼でも観測可能です。

メシエカタログは、元々、彗星と見間違えやすい天体のリストとして作られました。また、当時は天体までの距離を知る術もありません。そのため現代の視点で見ると、メシエ天体は、天の川銀河の中にある星団や星雲と外にある別の銀河が混在していました。

20世紀になると、M31のような渦巻き状の天体は、実は天の川と似た構造を持つ別の銀河であり、宇宙には無数の銀河が島のように点在するのではないか、と考えられるようになりました。この説をめぐって1920年4月26日に米国科学アカデミーで開かれた討論会は、「天文学における大論争（The Great Debate）」と呼ばれます。ヒーバー・カーチスが先述の「島宇宙説」を唱えたのに対し、ハーロー・シャプレーは渦巻星雲が天の川銀河の内部に存在すると主張しました。

この論争に決着をつけたのが、エドウィン・ハッブルです。彼は当時最大級（口径2・5m）の望遠鏡を使ってM31を観測し、14で登場したセファイド型変光星を検出しました。これによって、M31の距離が求まったのです。当時は変光星を使った距離測定の精度が低かったため、発表された距離は90万光年と実際の3分の1程度でしたが、それでも天の川銀河のサイズより十分に大きな値です。軍配はカーチスに上がりました。

天の川銀河とM31は、お互いの重力で引き寄せあっており、数十億年後には衝突してひとつの巨大な銀河になると考えられています。また、これら2つの銀河を中心に、大小マゼラン雲など50個ほどの銀河が、「局所銀河群」と呼ばれる銀河の集まりを形成しています。

要点BOX
- ●星団、星雲、銀河などをまとめたメシエカタログ
- ●島宇宙説をめぐる大論争が起こった
- ●ハッブルの観測で、島宇宙説の正しさが認められた

天文学の大論争

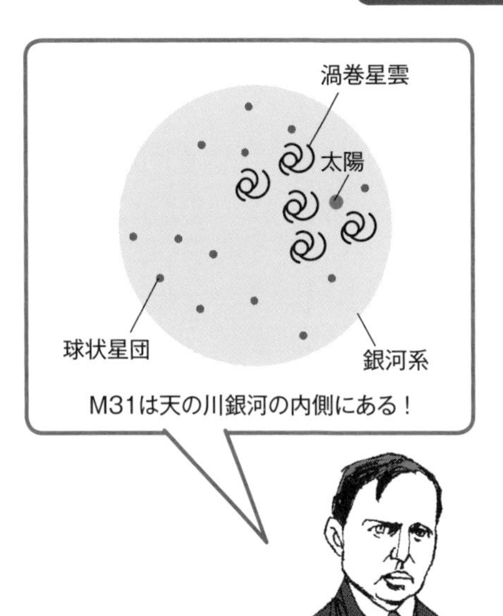

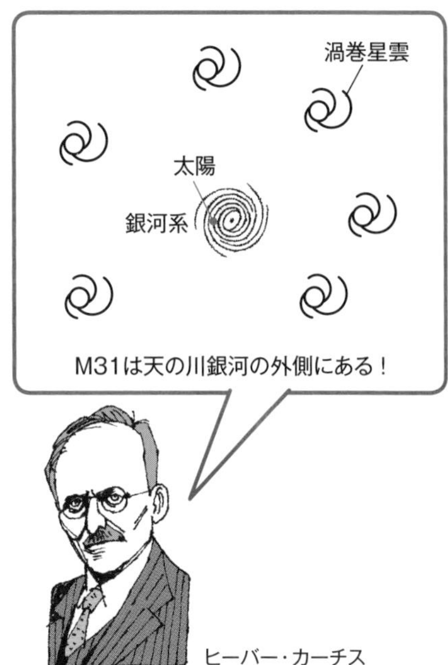

ハーロー・シャプレー　　ヒーバー・カーチス

局所銀河群

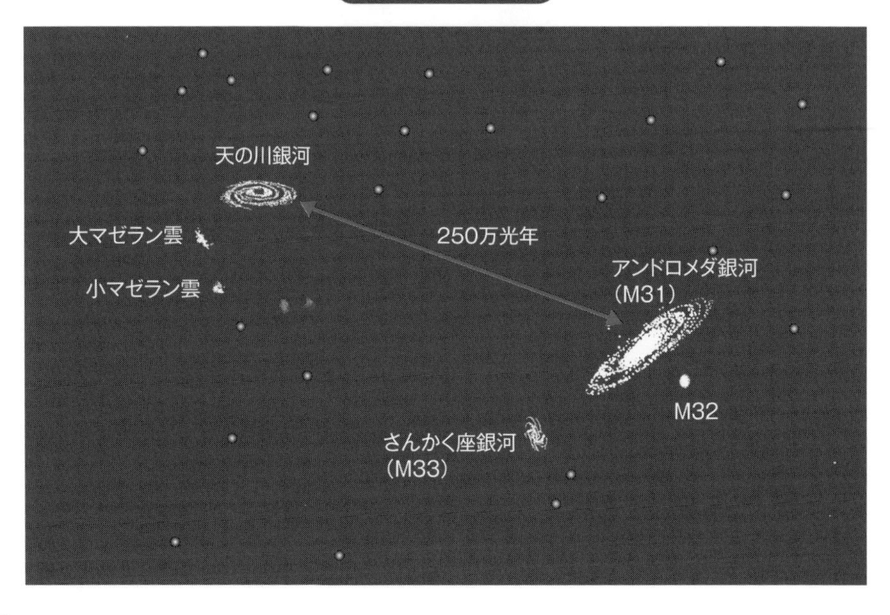

16 1億光年先まで続く銀河の大家族

銀河団と超銀河団

2019年4月、国際プロジェクト「イベント・ホライズン・テレスコープ（EHT）」は、世界各地にある8台の電波望遠鏡を結集して、前人未到のブラックホール直接撮像を成し遂げました。このブラックホールは、M87という楕円銀河（47）の中心にあります。地球からの距離は約6千万光年。ハッブル宇宙望遠鏡などの高性能の望遠鏡を使ってセファイド型変光星を検出できるのが、大体このあたりまでです。

M87は、おとめ座銀河団の中心に居座る巨大な銀河です。銀河団とは、差し渡し1千万光年ほどの範囲に数百から数千個の銀河を含む「銀河の大家族」です。つまり、銀河団は銀河の一つ上の階層だと言えます。15で登場した局所銀河群は、メンバー銀河が50個程度と少ないため、銀河団ではなく銀河群と呼ばれます。ただし両者に厳密な区別はなく、どちらも銀河の家族です。

銀河団のさらに上には「超銀河団」と呼ばれる階層があります。その大きさは、差し渡し1億光年以上にも及びます。実は天の川銀河は、おとめ座銀河団を中心とする「おとめ座超銀河団」の辺境に位置します。つまり、我々が属する大家族のど真ん中にいる天体こそが、M87のブラックホールなのです。そう聞くと、あの「黒い穴」にも親しみが湧きませんか？

さて、M87より遠方になると、もはやセファイド型変光星を使った距離測定は行えません。そこで、新たな距離はしごが必要になります。ここから先はいくつかの方法があり、一つは17で紹介する「ハッブル＝ルメートルの法則」です。他にも、変光星と同様の標準光源、つまり「本来の明るさが推定できる天体」を用いる方法があります。例えば、明るい渦巻銀河（47）ほど回転が速いという「タリー・フィッシャー関係」や、最大光度が天体間でほぼ同じになる「Ia型超新星（40）」を用います。いずれも経験則なので精度は完全ではありませんが、数十億から百億光年という大きな距離の測定に適します。

●EHTは6千万光年先のブラックホールを撮像
●数千個の銀河が集まる「銀河団」
●M87より遠方の天体は、新しい距離はしごが必要

おとめ座銀河団とM87

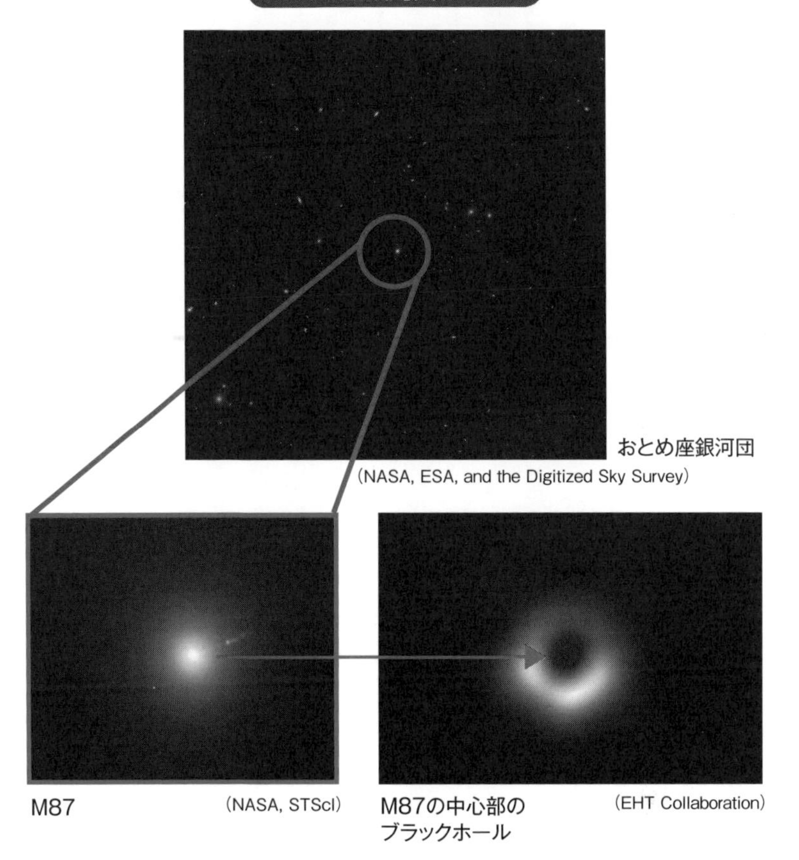

おとめ座銀河団
（NASA, ESA, and the Digitized Sky Survey）

M87　（NASA, STScI）

M87の中心部のブラックホール　（EHT Collaboration）

局所銀河群の近傍にある銀河団

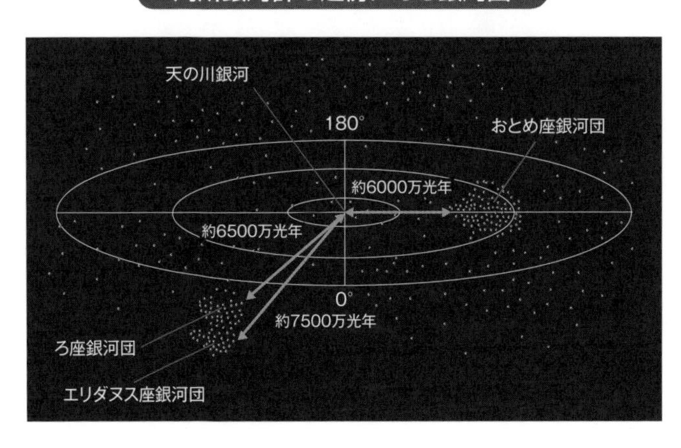

17 膨張する宇宙

ハッブル＝ルメートルの法則

天の川の外にも無数の銀河があることを確定させたエドウィン・ハッブルは、様々な銀河の距離を測っているうちにあることに気づきます。それは、M31などの近傍天体を除く全ての銀河が、我々から遠ざかっているという事実でした。しかも、遠くにある銀河ほど速く遠ざかっており、比例定数H_0を用いて［後退速度］＝H_0×［距離］と表せることがわかりました。この関係式を「ハッブル＝ルメートルの法則」、H_0をハッブル定数と呼びます。

銀河の後退速度は、赤方偏移から測定します。赤方偏移とは、天体の後退速度に応じて光の波長が長くなる現象です。ドップラー効果に例えられることもありますが、正確には少し原理が異なります（4）。赤方偏移の大きさは、z＝［波長のずれ］÷［元の波長］と表され、z＝0・1は約13億光年の距離に相当します。z＝1に近づくと距離の概念が複雑になるため（18）、赤方偏移の値だけで物理的な「遠さ」を表現するのが一般的です。

では、ハッブル＝ルメートルの法則は何を意味するのでしょうか。私たちの地球は、宇宙の特別な一点にあるわけではありません。したがって、他の銀河が都合よく地球だけから逃げているなんてことは考えられません。むしろ、全ての銀河が一様に、お互いの距離を広げていると考えるのが自然です。これは、宇宙が膨張しているために起こります。適度に膨らませた風船にたくさんの点を描いて、その風船をさらに膨らませてみてください。点と点の距離は大きくなります。また、元々離れていた点ほど、より速く遠ざかります。風船に書かれた点の一つ一つが銀河であり、宇宙でもこれと同じことが起こっているのです。ハッブル＝ルメートルの法則は、これ自体が距離測定の「ものさし」として使えます。ただし、Ia型超新星を標準光源に用いた研究により、宇宙の膨張速度は一定ではなく、だんだんと速くなっていることが明らかにされています（60）。したがって、距離と後退速度の間に単純な比例関係が成り立つのは、比較的近くの宇宙（z≦0.1）のみに限られます。

- ●銀河の後退速度と距離の関係を表すハッブル＝ルメートルの法則
- ●宇宙が膨張するために天体間の距離が広がる

ハッブル=ルメートルの法則

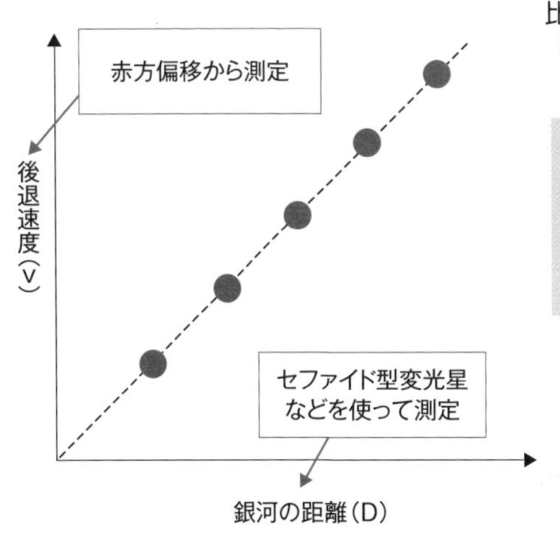

比例関係
(遠くの銀河ほど速く遠ざかる)

ハッブル=ルメートルの法則

$$v = \underline{H_0} \times D$$

ハッブル定数

新天体でも後退速度から
距離がわかる

全ての銀河は一様に遠ざかっている

風船が膨らむと、その表面に描かれた
点同士が遠ざかるように、宇宙が膨張
すると、銀河同士の距離も遠ざかる

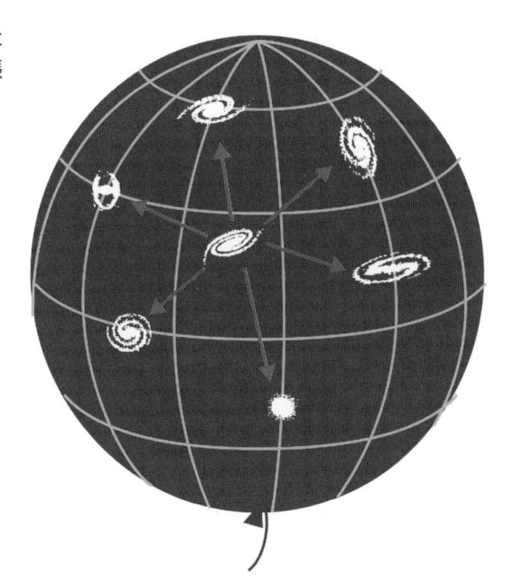

18 届け宇宙の果てまで

極小から始まった宇宙

宇宙が膨張しているという事実は、昔の宇宙が今より小さかったことを意味します。したがって、過去に向かってどんどん時間を遡ると、やがて宇宙の大きさがゼロになるはずです。つまり、ハッブル＝ルメートルの法則は、宇宙が無限に続く存在ではなく、有限の過去に始まったことを示唆します。ハッブル定数H_0は［後退速度］／［(現在の)距離］なので、その逆数($1/H_0$)分だけ時間を遡れば、宇宙全体が一点に集約します。つまりおおまかには、$1/H_0$が宇宙の年齢になります。宇宙の膨張速度の変化も考慮した最新の研究によると、宇宙年齢は138億年程度であることがわかっています。

さて、「宇宙に果てがあるのか?」と言われると、その答えはわかりません。なぜなら、そこまで観測できないからです。光の速さは有限(30万km／秒)なので、光が宇宙年齢だけかけて届く距離が、観測できる宇宙の限界になります。ただし、これほどの遠方になると、光が届くまでの間にも宇宙が膨張を続けているため、距離の概念がややこしくなります。例えば、今私たちが観測している天体からの光が、宇宙年齢ギリギリの138億年前に発せられたものだとします。この光は138億年間、宇宙を旅してきたわけなので、天体までの距離は138億光年と表せます。しかし、宇宙の膨張を考慮に入れると、対象天体までの「現時点での距離」は470億光年ほどになります。前者を光行距離、後者を(現在の)固有距離と呼びます。どちらを使うかは書籍によってまちまちなので、注意が必要です。本書では、特に断らない限り光行距離を使います。

光の速さが有限であることは、もう一つの重要な意味を持ちます。それは、天体までの距離が大きいほど、遠い過去から来る光だということです。遠くの宇宙を見ることは、昔の宇宙を見ることです。誕生直後の宇宙はどんな姿だったか。生まれたての星や銀河はどんな性質だったか。それらの問いに対する答えは、宇宙の距離はしごを上りきった先にあるのです。

要点BOX
- 宇宙の年齢は約138億年
- 「光行距離」は光が旅した時間と光速の積
- 「固有距離」はある時刻における2点間の物理的な距離

宇宙は無限小から始まった

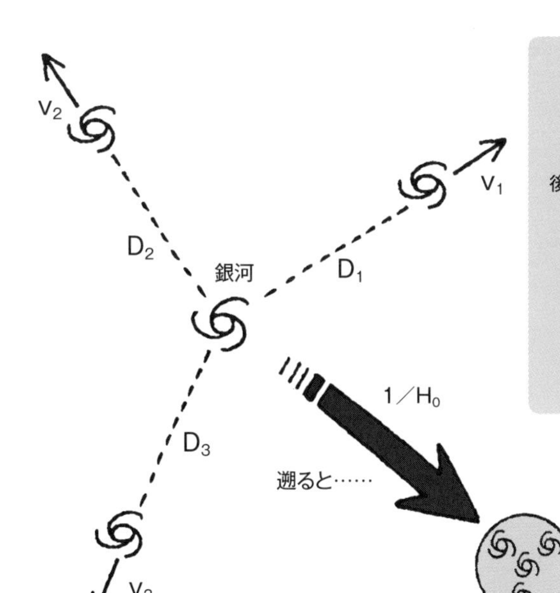

ハッブル=ルメートルの法則

$v = H_0 D$ なので

(v：後退速度、D：距離)

$$t = \frac{D}{v} = \frac{1}{H_0}$$ だけ

時間を遡ると……

全ての天体が一点に集約

様々な距離の概念

138億年前の
天体の位置

138億
年前

138億年前に
出た光

もちろん、当時はまだ
地球は存在しない

空間の膨張に引きずられて光の波長が伸びる。

宇宙が膨張するので
天体は遠ざかる

138億年かけて地球に到着（光の波長はさらに伸びている）
→光が旅した時間×光速=138億光年=光行距離

現在の
天体の位置

現在

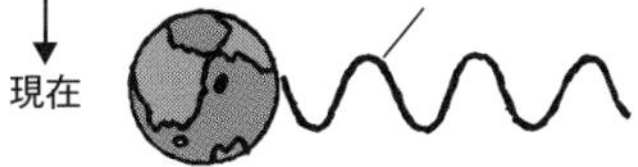

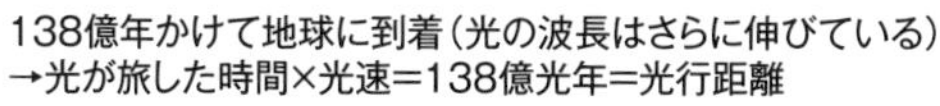

約470億光年=（現在の）固有距離

Column

星々の名前

太古の時代から肉眼で観測できた星々には、世界各地の文化に根ざした星の名前がついていました。たとえば、近いうちに超新星爆発を起こすと期待されるベテルギウスも、金脇（きんわき）、源氏星など複数の和名で呼ばれていました。

近代科学の発展に伴い、天体には系統的な名前がつけられていきます。18世紀にシャルル・メシエが作成したメシエカタログでは、銀河系内の球状星団や星雲、銀河系外の銀河が含まれ、M1からM110という名前で呼ばれています。その後も多くの天体カタログが編纂されました。天文業界では、ニュージェネラルカタログ（NGC）などが特に有名です。

最近では、新しい望遠鏡が新天体を見つけると、その衛星の名前の一部をもつ天体名がつけられます。たとえば、4U 0142+61という中性子星は、X線天文衛星ウフル（Uhuru）の4番目のカタログに準拠（4U）し、天体の天球上の座標を指定する2つの数字で表されます。日本の全天X線監視装置MAXIが2018年に見つけたブラックホールにはMAXI J1820+070という名前がついています。超新星の場合には、SN1987AやSN2008Dなど、その年に発見された超新星がA、B、C……と順番につけられていましたが、近年は超新星の発見数がアルファベットの数を超えてしまい、SN2011feなど、2個以上の小文字アルファベットも使われるようになっています。系外惑星の名前は、その恒星の名前の後ろにb、c……をつけて表します。aは恒星そのものに使われるので、たとえば、プロキシマ・ケンタウリ⓭）に発見された系外惑星は、Proxima Centauri b になります。

こういった恒星や惑星の定義や命名規則は、国際天文学連合（International Astronomical Union, IAU）が中心となって取り扱っています。最近の話題としては、太陽系外縁部に多くの小天体が見つかるようになったことを受け、IAUは2006年に惑星の再定義を行い、それまで惑星として扱われていた冥王星を準惑星に降格させました。また、宇宙膨張の重要な結果である「ハッブルの法則」という用語も、ルメートルが発見に果たした役割を称えるため、「ハッブル=ルメートルの法則」と改称する決議案を採択しています。

第3章 太陽とその仲間

19 もっとも身近な恒星「太陽」

水素の核融合が生み出す膨大なエネルギー

太陽は、私たち地球上の生命にとって必要不可欠な存在であると同時に、その距離的な近さゆえに最も詳しく調べることのできる恒星でもあります。太陽の観測を通じて、全ての恒星の基礎を理解できるのです。

太陽の質量は、およそ2×10^{33}グラム。これは地球の質量の約33万倍に相当します。また半径は70万キロメートルと、地球の約110倍です。太陽は図のように層状の内部構造を持ち、可視光で観測できる表層部は光球と呼ばれます。光球の温度は約6000度です。その外側には彩層と呼ばれる薄いガス層があり、さらに上空には100万度のコロナ（高温プラズマ層）が存在します。コロナがなぜ、光球よりもはるかに高い温度にまで加熱されるのかは、今現在でも完全には解明されていませんが、21で解説するように、太陽の磁気活動が関係すると考えられています。

太陽全体におけるエネルギー放出率は、3×10^{26}ワット。なんと、日本の総人口のエネルギー消費率の1京（10^{16}）倍近くに相当します。この膨大なエネルギーは、核融合反応によって生み出されています。太陽の中心核では、4つの陽子（水素の原子核）からヘリウムの原子核を1つ作る「ppチェイン」と呼ばれる反応が起こっています。ヘリウムの原子核は、4つの陽子がバラバラな状態でいるよりも0・7%ほど質量が小さいことが知られます。アインシュタインの特殊相対性理論から導かれる「質量とエネルギーの等価性」によると、質量（m）とエネルギー（E）の間には、光速（c）を用いて$E=mc^2$の関係が成り立ちます。したがって、核融合によって原子核の総質量が減ると、その分のエネルギーが主にガンマ線として解放され、やがて熱に変わります。ppチェイン1回あたりに発生するエネルギーは4×10^{-12}ジュール（1ジュール=0・24カロリー=1gの水を0・24℃上げるエネルギー）とごくわずかですが、太陽の中心核では大量の陽子が絶えず核融合を起こしているため、生成される総エネルギーは膨大になるのです。

要点BOX

- 表層部は光球、その外の薄いガス層を彩層、上空の高温プラズマ層をコロナと呼ぶ
- ppチェインによってエネルギーが生まれる

太陽の構造

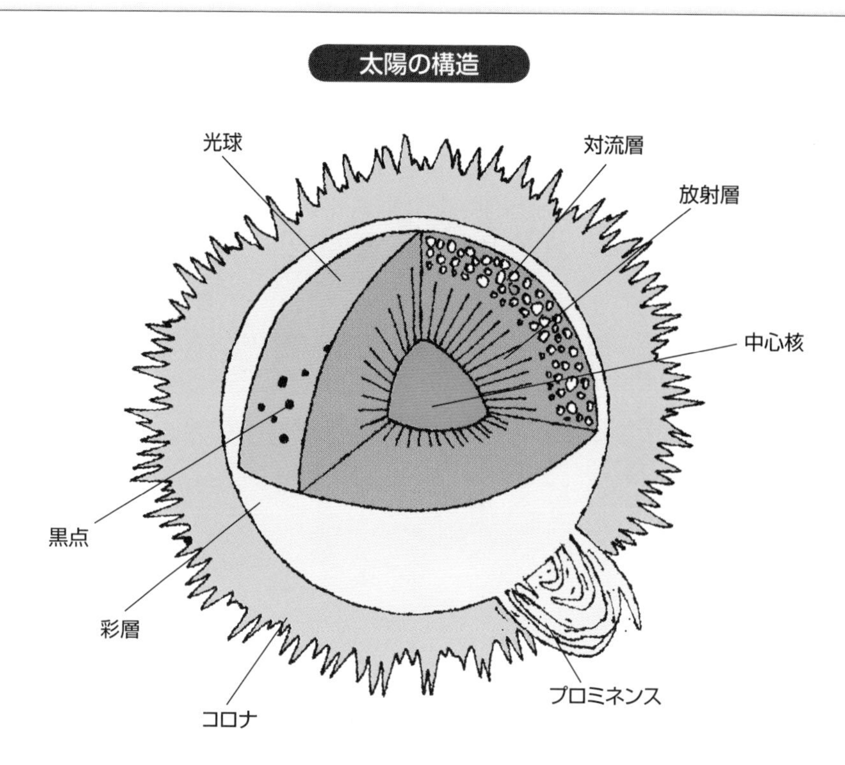

ppチェインと質量欠損

陽子と陽子(proton-proton)の反応であることから、その頭文字をとってppチェインと呼ばれる。

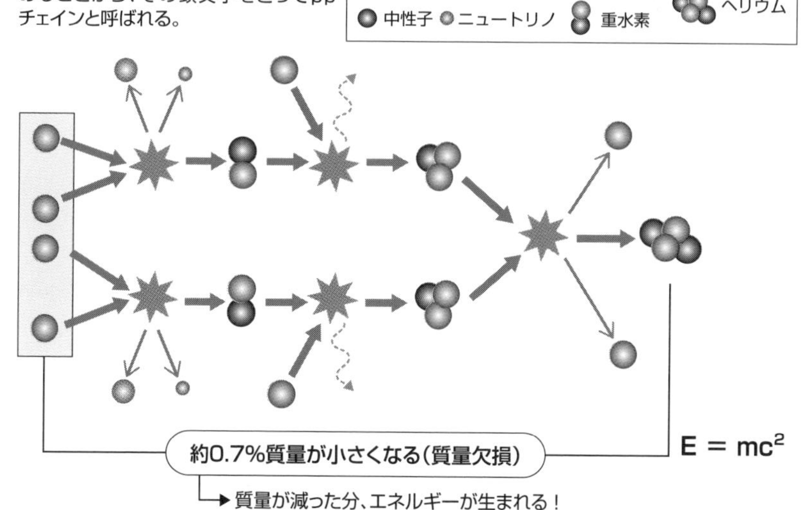

20 リズムを刻む太陽と地球への影響

黒点と活動周期

太陽はいつも穏やかに輝いていますが、よく見ると黒い斑点状の模様「黒点」が現れることがあります。大きいものだと、地球の直径を超えるものもあります。17世紀には、ガリレオ・ガリレイが黒点のスケッチを残しています。各々の黒点は数十日にわたって存続し、太陽の自転とともに移動していきます。

黒点は太陽の内部から磁力線がせり出す場所で、磁場の強さは数千ガウスにもなります。この強度は、医療用MRI（1〜2万ガウス）に比べるとやや弱いですが、典型的な地磁気（0・5ガウス）や、家庭用磁石（50ガウス）と比べてはるかに大きな値です。太陽の黒点では、この強い磁場が熱の輸送を妨げるため、光球の平均温度（6000℃）と比べて低温（約4000℃）になり、暗く見えるのです。なお、磁場は目に見えませんが、コンパスのN極が北を指すように、「場」として存在します。それを視覚的に理解するために、ゴム紐のような「磁力線」が描かれます（図）。

黒点が数えられるようになって400年になります。19世紀中頃に、ドイツの天文学者ハインリッヒ・シュワーベにより、黒点の数が11年周期で増減することが発見されました。この周期性は、太陽内部での磁場の生成と維持の機構（ダイナモ機構）に由来すると考えられています。長期にわたる黒点数の変化をよく見ると、17世紀後半に黒点がほとんど現れていない時期があることに気がつきます（図）。この時期は「マウンダー極小期」と呼ばれ、地球の気候にも影響が及んだようです。ヨーロッパや北米では年中気温が低く、ロンドンのテムズ川に氷が張ったことなどが記録に残っています。つまり、黒点の数は太陽活動の指標だと言えます。活動が弱まると、太陽から外に流れ出す太陽風が弱くなり、それまで太陽風に含まれる磁力線に遮られていた銀河宇宙線が地球に届きやすくなります。この宇宙線の量が増えることで、雲の生成が促され、太陽光が地球に降り注ぎにくくなって寒冷化するなどの仮説も考えられています。

要点BOX
- ●黒点は磁力線がせり出す場所で、周囲より低温
- ●11年周期の黒点数の変動をシュワーベが発見
- ●黒点が少ない時期は地球の気温が低かった

ガリレオの黒点スケッチ

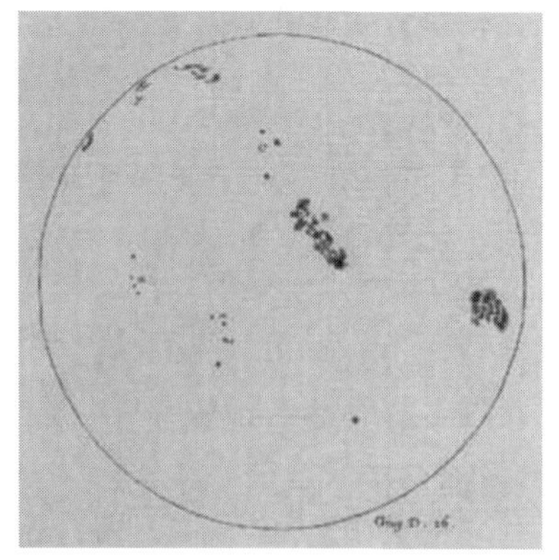
（The Galileo Project）

黒点と磁力線

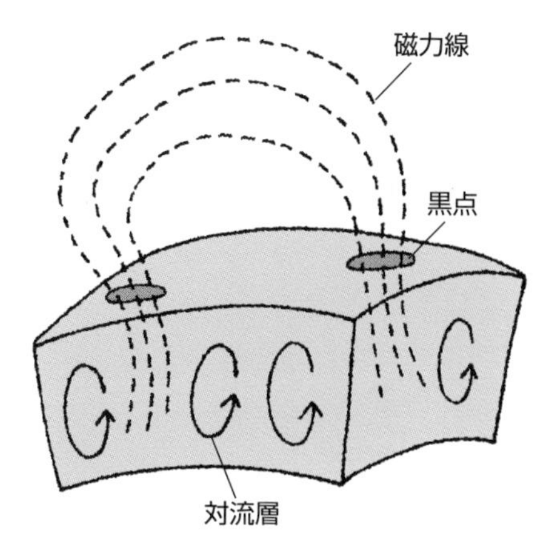

黒点数の年代別変化

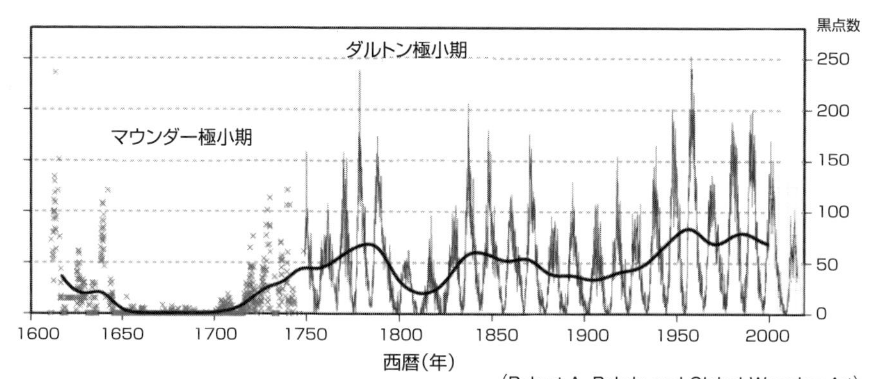

（Robert A. Rohde and Global Warming Art）

マウンダー極小期のイギリスではテムズ川に氷が張った。
太陽活動度の低下が地球の気候にも影響を及ぼした可能性がある。
(Abraham Danielsz. Hondius)（1684）

21 太陽表面の巨大爆発「太陽フレア」

磁気リコネクションと太陽コロナ

イギリスの天文学者リチャード・キャリントンは、1859年に太陽表面での巨大な爆発現象を観測しました。「太陽フレア」と呼ばれるこの現象は、電波から可視光、X線やガンマ線に及ぶ広い電磁波帯域で数十分にわたって観測されます。キャリントンが観測した太陽フレアは史上最大とも言われ、それに伴う強烈な磁気嵐によって、ヨーロッパや北米の電報システムが障害を受け、低緯度地域でもオーロラが観測されました。高度に電子化の進んだ現代では、巨大な太陽フレアの影響はより深刻になると考えられます。

太陽フレアは、太陽の活動領域に蓄えられた磁気エネルギーを一気に解放し、ガスの熱エネルギーや運動エネルギーに変換する過程です。太陽の表面に出現した磁力線のループがねじれると、反対向きの磁力線同士が突然つなぎ替わる「磁気リコネクション」という過程が発生します（図）。このつなぎ変えの後に電子が加速・加熱されて、ループ内のプラズマがX線で明るく輝きます。太陽フレアに伴って、プラズマの塊が宇宙空間に放出される「コロナ質量放出」が起きることもあります。また、磁気リコネクションに伴うフレア現象は、太陽以外の恒星でも観測されます。フレアはその恒星が伴う惑星の大気にも影響を及ぼすため、生命の誕生・進化の可否を決める重要なファクターとして注目されています。

ところで、太陽を可視光で観測すると穏やかな光球が見えますが、X線や紫外線で観測すると、より外側の「太陽コロナ」を捉えられます。太陽コロナの温度は100万度にも達します。約6000度の太陽表面の上空に、どのようにしてこの高温領域が形成されるのかは「コロナ加熱問題」として長らく議論されてきました。望遠鏡の分解能が足りずに検出できない小さなフレアが熱を供給しているという仮説と、対流で磁力線が揺すられて発生する波動が関係しているという仮説の2種類が考えられています。

要点BOX
- ●1859年、史上最大の太陽フレアを観測
- ●磁力線がつなぎ替わる「磁気リコネクション」が原因
- ●X線や紫外線で太陽コロナを観測できる

太陽フレアのしくみ

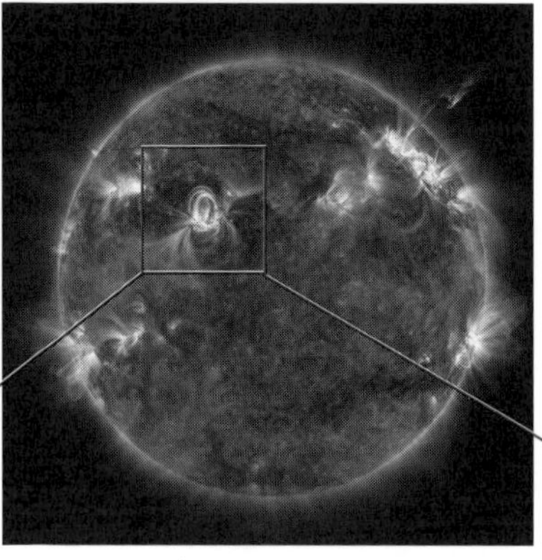

（Courtesy of NASA/SDO and the AIA, EVE, and HMI science teams.）

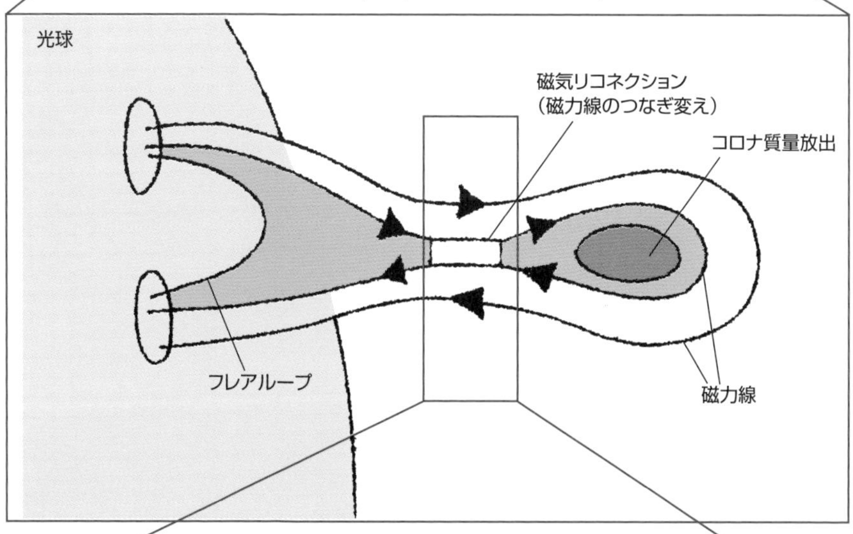

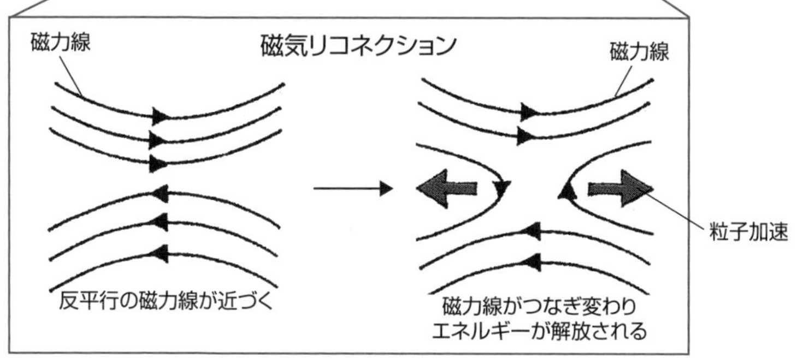

22 恒星の自己制御システム

自己重力系と「負の比熱」

太陽の中心で起こるppチェインなどの核融合は、温度が高いほど反応率が上がります。したがって一旦核融合が始まり熱を生み出すサイクルに入ると、次から次へと反応が進む、いわゆる核暴走が起こると考えられます。実際にこの原理を利用するのが、水素爆弾などの熱核兵器です。しかし太陽や他の恒星では、核融合が暴走せず安定に進みます。これは「自己重力系」と呼ばれる天体ならではの、優れた自己制御機能が働くためです。

自己重力系とは、天体が自分自身の重力で形を保つ状態です。物質には、万有引力(重力)、すなわち、お互いに近づき合う力が働きます。恒星のような質量の塊は、重力によって結びついています。しかし、働く力が重力だけだと、全ての物質が一点に集まってしまうので、いかなる物体も自らの形を保てなくなります。逆に言うと、安定に存在する天体には、必ず重力を押し返す外向きの力が働きます。恒星の場合、熱的な圧力がその役割を果たします。恒星の中心に行くほど高温・高圧になり、内向きに働く自己重力を押し返しているのです。

自己重力系の天体は、「負の比熱」という面白い特徴を持ちます。比熱とは、単位質量の物質を単位温度上げるのに必要な熱エネルギーのことです。例えばポットの水は熱を加えると温度が上がるので、「正の比熱を持つ」と言えます。重力の影響を考慮しない日常生活の中で経験できるのは、いずれも比熱が正のケースです。

一方、自己重力系である恒星では、核融合によって熱が発生すると、その熱量の2倍相当のエネルギーが星を膨張させる仕事に使われるため、結果として星の温度が下がってしまいます(比熱が負)。そのため核融合の反応率が一旦低下して、水素爆弾のような核暴走を防ぎます。逆に、放射によるエネルギー損失が大きくなると、星が縮んで中心温度が上がり、核融合の効率が上がります。こうした自己制御のサイクルを繰り返すことで、恒星は安定して存続できるのです。

●自己重力系特有の制御機能が核暴走を防ぐ
●熱が発生すると温度が下がる「負の比熱」によって安定して存続できる

自己重力系

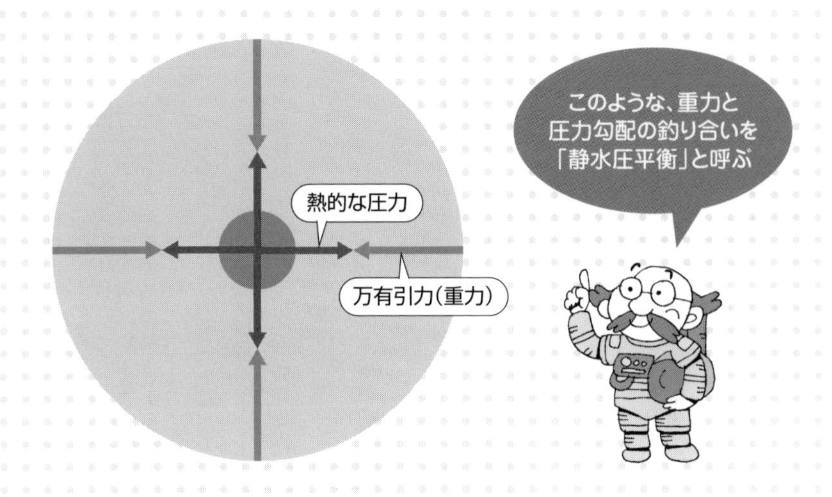

負の比熱

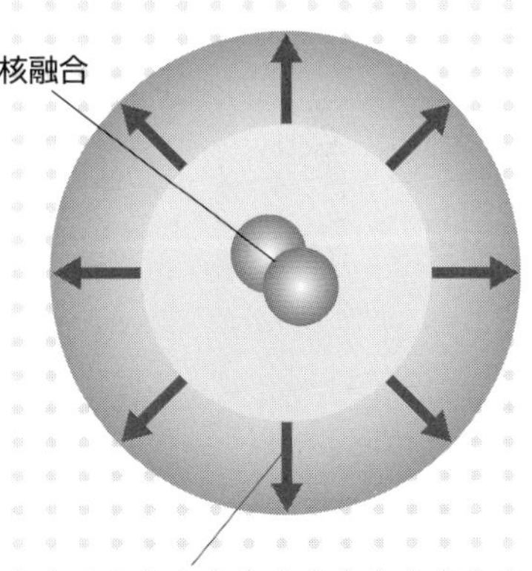

核融合で発生するエネルギーの
2倍分が星の膨張に使われる

熱を加えると温度が上がる

 正の比熱

熱を加えると温度が下がる

 負の比熱

23 恒星の質量と寿命の関係

HR図と質量光度関係

太陽のような、中心核で水素が核融合を起こす恒星は「主系列星」と呼ばれます。主系列という呼称は、これらの恒星が左に示す「ヘルツシュプルング−ラッセル図（HR図）」の中で、左上から右下へ連なって分布することに由来します。HR図は、様々な星の表面温度（色）を横軸に、光度（絶対等級）を縦軸に示したものです。左側ほど温度が高く（色が青く）、上側ほど明るい星に対応します。横軸については歴史的にスペクトル型で分類された経緯があり、左から順に、O、B、A、F、G、K、Mと型名が付けられています。太陽はG型星です。どの恒星も、生涯の大部分を主系列星として過ごします。

主系列星から光として放射されるエネルギーの源は、中心核で起こる核融合です。したがって、明るく輝く星ほど、燃料の水素をより速いペースで消費します。標準的な主系列星の場合、その光度は質量の3〜4乗に比例します。つまり、星の質量が10倍大きくなると、燃料の消費率は千倍から1万倍になります。そのため皮肉にも、たっぷりの燃料を蓄えた大質量の星ほど、圧倒的な短時間で燃料を使い果たしてしまうのです。例えば、太陽が約100億年の寿命を持つのに対し、太陽より20倍重い星の寿命は100万年以下にまで縮まります。

主系列星の燃料消費率が星の質量に依存するのは、重い星ほど中心核の温度が高く、核融合の反応速度が上昇するためです。また、中心核の温度が2千万度を超えると、ppチェインの他に「CNOサイクル」と呼ばれる核融合過程（図）が効率的に働き始めます。CNOサイクルは、4つの陽子（水素）から1つのヘリウムを作る点でppチェインと似ていますが、星の中に元々含まれていた炭素、窒素、酸素が触媒として作用する点が異なります。高温の中心核におけるCNOサイクルのエネルギー発生率は、ppチェインのそれと比べて格段に高いため、質量の大きな星では燃料たる水素の消費が速くなるのです。

要点BOX

- ●太陽は標準的な主系列星の一つ
- ●質量が大きい星ほど光度が大きく寿命が短い
- ●中心核温度が2千万度以上でCNOサイクルが働く

ヘルツシュプルング-ラッセル図（HR図）

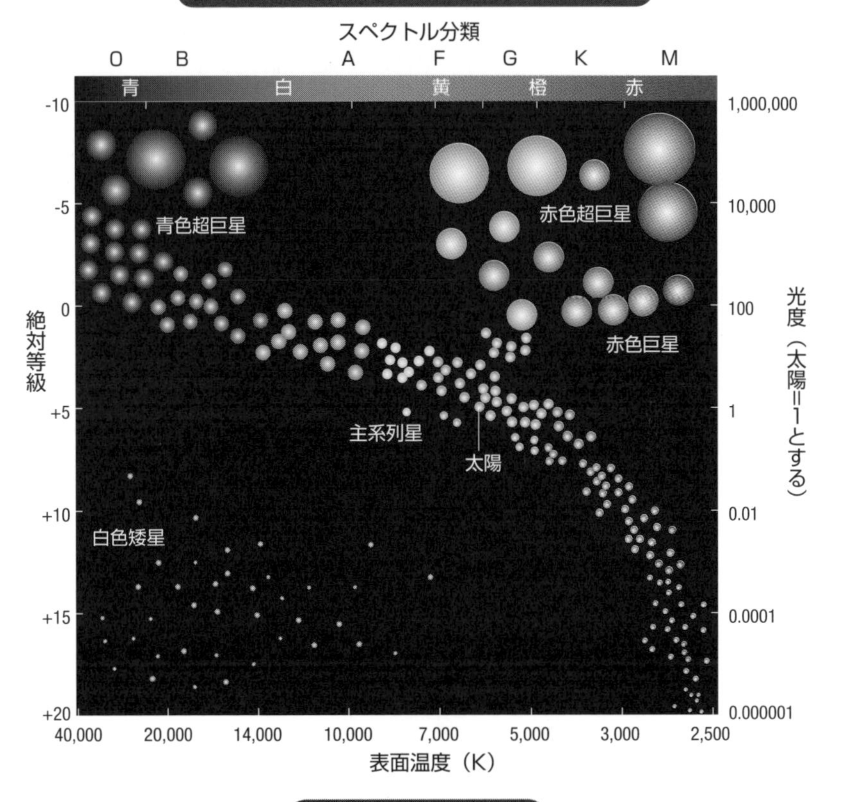

CNOサイクル

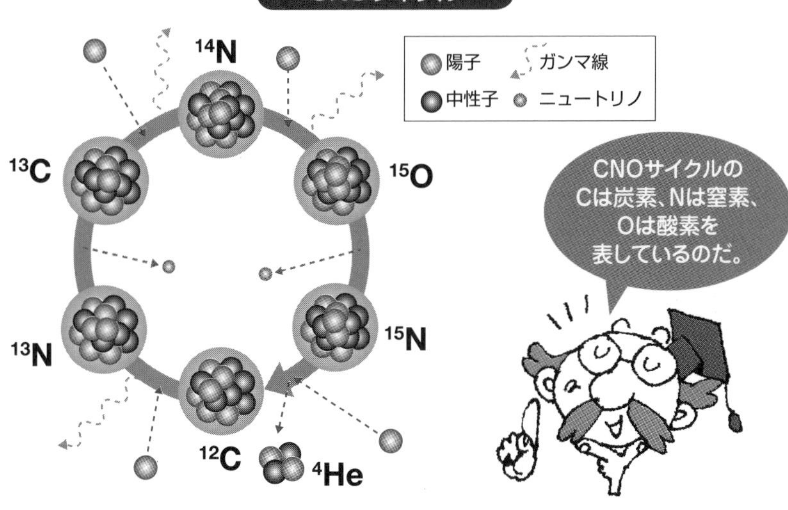

24 太陽の行く末は？

赤色巨星を経て白色矮星へ

ppチェインやCNOサイクルを通して熱エネルギーを作り続けた主系列星は、やがて星中心部の水素を使い果たし、ヘリウムの中心核を形成します。この段階で、星の全質量量のうち1割程度が水素からヘリウムに変わっています。太陽の場合、生まれてからここに至るまでの時間が約100億年です。

その後、太陽のような軽めの恒星では、中心核を取り巻く殻状の領域で水素燃焼が起こり、ヘリウムの質量が増え続けます。それに伴って中心核が収縮し、水素燃焼殻の温度が上昇するため、核反応によって作られるエネルギーも急激に増大します。すると星の外層部が内側から運ばれたエネルギーに押し出されて膨張するため、星の表面温度が下がって赤くなります。これが、赤色巨星です。太陽が赤色巨星になると、地球の公転軌道近くまで膨れ上がると予想されています。また、この間の星の光度と色の変化をHR図(23)上で表すと、主系列を離れて右上の領域へと移動します。

ヘリウム核の質量が太陽質量の半分近くに達すると、核の中心温度は1億度を超え、3つのヘリウム(^{4}He)から1つの炭素(^{12}C)を作る核反応が始まります。ヘリウムの原子核を「アルファ粒子」と呼ぶことから、この核反応は「トリプルアルファ反応」と呼ばれます。炭素がさらにもう1つのヘリウムとくっつくと、酸素(^{16}O)が生まれます。したがって、星の中心部には炭素と酸素の核が形成されます。

その後、この恒星は自らの圧力で水素外層を吹き飛ばし、「惑星状星雲」を形成します。ちなみにこの呼称は、低解像度の望遠鏡で観測された時代に惑星のように見えたことに由来しており、本来の「惑星」とはなんら関係はありません。

惑星状星雲はやがて雲散霧消して、最終的には炭素と酸素でできた星の核だけが残ります。これが白色矮星(30)であり、太陽の最終形態です。白色矮星は、HR図上で左下に位置します。

要点BOX
- ●中心部の水素を使い果たすと赤色巨星になる
- ●トリプルアルファ反応により、炭素が作られる
- ●惑星状星雲を形成し、最後は白色矮星になる

主系列星から赤色巨星への移行

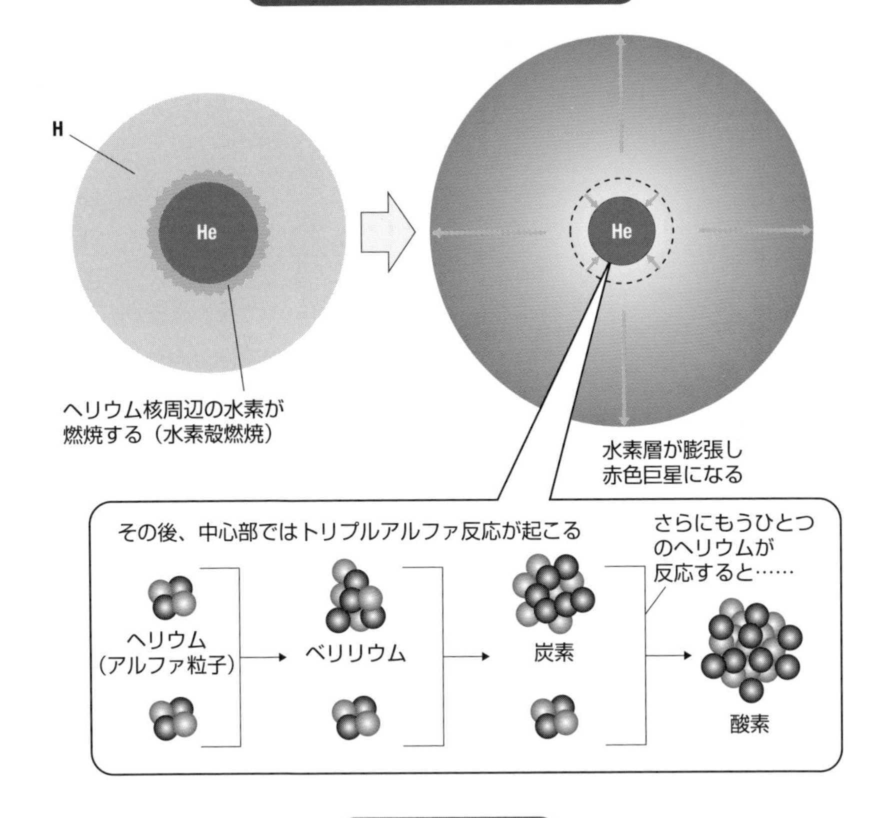

惑星状星雲

エスキモー星雲（NGC 2392）

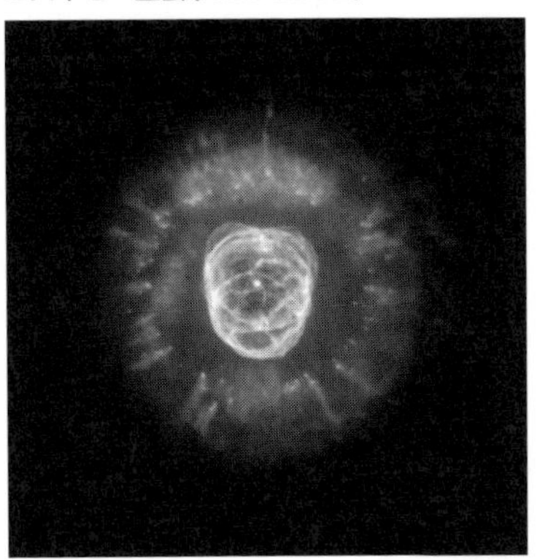

（NASA）

環状星雲（M57、NGC 6720）

（NASA, JPL-Caltech, Harvard-Smithsonian CfA）

25 大質量星の後期進化

太く短く生きる星々の劇的な晩年期

　太陽より10倍以上重い星は、ヘリウム燃焼の後に白色矮星として生涯を終えるのではなく、恒星としてのさらなる進化を続けます。中心核の温度上昇に伴って、ネオンやマグネシウム、ケイ素などの重い元素が生成され、最終的に鉄のコアが作られて、タマネギ状の元素分布を作ります(図)。各ステップは均等な時間で進むのではなく、重い元素の合成過程ほど圧倒的に短時間で完了します。例えば太陽より20倍重い星の場合、炭素燃焼によるネオンやマグネシウムの合成に数千年、酸素燃焼によるケイ素や硫黄の合成に数年、ケイ素燃焼による鉄の合成には数日〜数週間しかかかりません。主系列星時代の100万年に比べると極端に短い時間です。

　最終進化段階にある大質量星の多くは、水素の外層が大きく膨張して「赤色超巨星」になります。オリオン座の1等星ベテルギウスがその代表例で、質量が太陽の約20倍であるのに対し、半径は太陽の1000倍程度と、木星の軌道半径にも迫る大きさを持ちます。これほどの大きさのため、地球からの距離が640光年もあるにも関わらず、アルマのような高解像度の電波望遠鏡(5)であれば、星表面の温度分布まで調べられます。

　鉄の原子核は全元素のうち最も安定なので、鉄コアが作られた後の大質量星ではそれ以上の核融合は起こりません。この段階にたどり着いた星は、やがて重力崩壊型の超新星爆発(39)を起こしてその生涯を終え、星の中心部に中性子星やブラックホール(29)を残します。一方、星の外層部は宇宙空間に飛び散り、超新星残骸(41)となります。超新星残骸には、元の星の内部で作られた重元素が含まれます。この重元素はやがて次世代の星に取り込まれ、新たな核融合の種となります。

　なお、多くの大質量星は、生まれてから爆発するまでの間に、恒星風によって質量の約半分を失います。中には水素外層を全て失い、ヘリウム層や炭素層が露出した大質量星も存在します。このような星は、発見者2人の名前にちなんで「ウォルフ・ライエ星」と呼ばれます。

要点BOX

- ●太陽の10倍以上の質量の星は、内部にタマネギ状の元素分布を作り、赤色超巨星になる
- ●最終的に重力崩壊型の超新星爆発を起こす

タマネギ状構造の形成

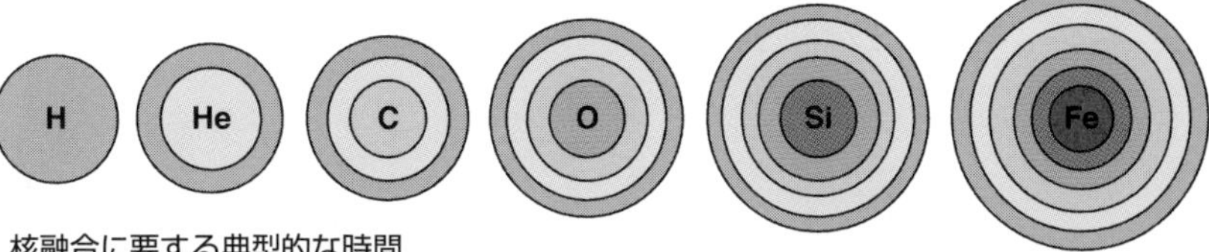

核融合に要する典型的な時間

$10^{6\text{-}7}$年　$10^{5\text{-}6}$年　数千年　数年　数日〜数週間

大質量星の中心部では核融合によって次第に重い元素が作られ、最終的に鉄コアを中心とするタマネギ状の構造が形成される。

重い元素ほど
短時間のうちに
合成されるんだね

アルマ望遠鏡で撮影したベテルギウス

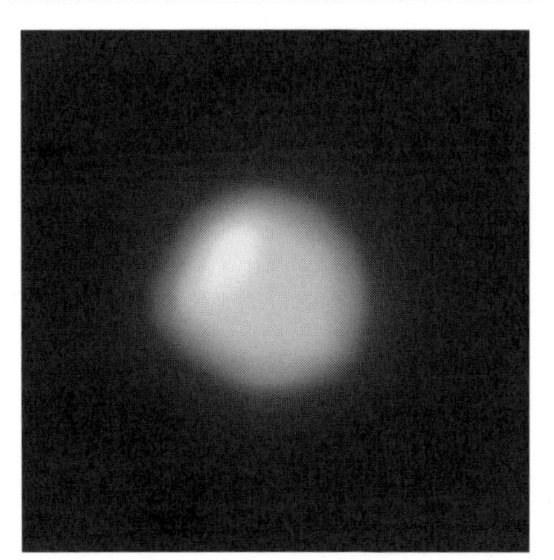

（ALMA (ESO, NAOJ, NRAO) , E. O'Gorman, P. Kervella）

ウォルフ・ライエ星

（NASA, ESA, Hubble, Judy Schmidt）

26 双子や三つ子の星たち

連星と質量輸送

太陽は単独の恒星ですが、宇宙には2つ以上の恒星が重力的に結びつき、お互いの周りを公転し合う「連星」も数多く存在します。そのほとんどが、生まれたときから双子や三つ子だった星たちです。実は、宇宙全体で見ると半数以上の恒星が連星を組んでおり、太陽のような単独恒星の方がむしろ少数派とされています。

連星の見つけ方には、主に3つの方法があります。1つ目は、実際に近接した状態で視認できる2つの恒星の動きを観測して、お互いに公転し合っていることを確かめる撮像的手法です。このようにして発見される連星を「実視連星」と呼びます。2つ目が、公転によるスペクトルのドップラーシフトの周期的変化を捉える分光的手法です。この方法で発見される連星を「分光連星」と呼びます。最後が、2つの星がお互いを隠し合うことで生じる、周期的な光度変化を捉える測光的手法です。この方法で発見される連星を「食連星」と呼びます。これら3つは、私たち観測者側の都合で便宜上呼び分けられているだけで、実態はどれも同じ連星です。物理的な違いはありません。

連星はお互いの進化にも影響を与えます。例えば片方が主系列星、もう片方が赤色巨星になったとします。赤色巨星は大きく膨張するので、外層部が主系列星側の重力圏内に達することがあります。すると、その外層部は主系列星に向かって流れ込むので、主系列星は質量を増し、赤色巨星は質量を早く失うことになります。このプロセスを「質量輸送」と呼びます。時には、膨張した赤色巨星の外層部が、相手の星を完全に飲み込んでしまうこともあります。これを「共通外層」と呼びます。共通外層の一部が連星系の外に逃げ出すと、その反作用で恒星コアは角運動量を失い、お互いの軌道半径が一気に縮まります。その結果、両者の相互作用はますます活発になります。このプロセスは、新星爆発(30)やX線増光(38)を起こす天体や、重力波源である中性子星連星(44)の形成過程としても非常に重要です。

要点BOX
- 互いの周囲を公転する天体を連星と呼ぶ
- 観測方法によって「実視連星」「分光連星」「食連星」に分けられるが、物理的な違いはない

連星の見つけ方

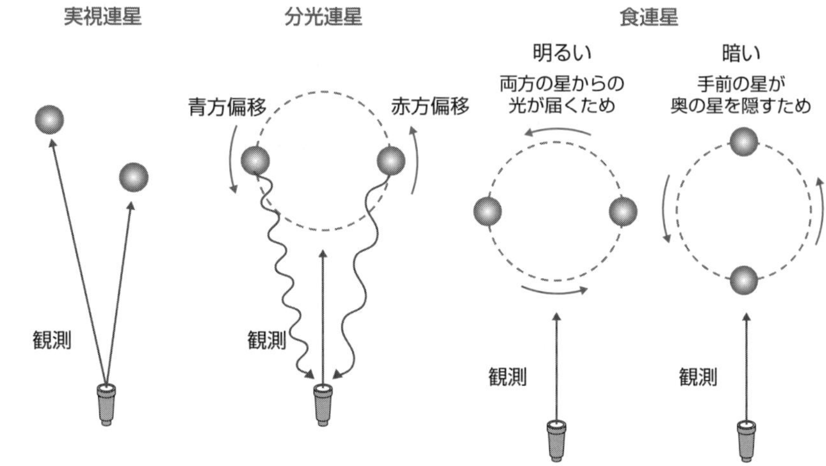

撮像観測によって、近接する2つの星の動きを直接調べます。

分光観測によって光のドップラーシフトを検出し、星の視線速度の変化を調べます。

測光観測によって、連星系全体の光度変化を調べます。

質量輸送と共通外層

2つの星が同時にできた場合、重い星(左)の方が早く進化するため、先に赤色巨星になります。

質量輸送

赤色巨星の水素層が主系列星の重力圏に達すると、物質が主系列星に向かって流れ込みます。

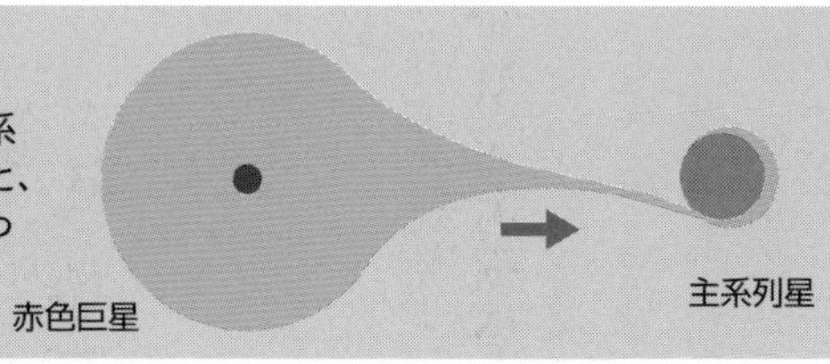

共通外層

水素層が大きく膨れ上がると、主系列星をも飲み込み、単一の外層を形成します。

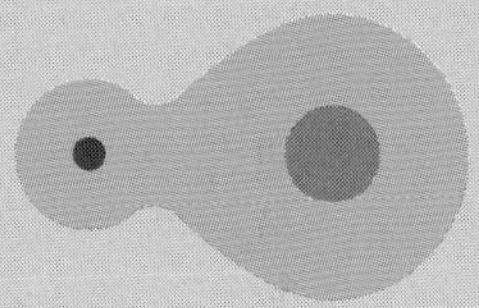

27 分子の雲から生まれる赤ちゃん星

原始星と原始惑星系円盤

これまで、太陽や恒星の活動と進化について解説してきました。それらはいずれも、星が生まれてから十分に時間が経ったあとの話です。一方、生まれたての星はどのような特徴を持つのでしょうか？　そもそも星はどのようにして生まれるのでしょうか？　これらの問いに答える星形成の研究は、近年の天文学分野において特にホットなトピックです。

一般に、星は分子雲の中で生まれます。分子雲とは、温度10K（摂氏マイナス263℃）、密度10^{-22}～10^{-18}g／cc程度の水素分子（H_2）の塊です。地球大気に比べると15桁以上も低い密度ですが、希薄な宇宙空間の中ではかなりの高密度に属します。分子雲は自分自身の重力によって収縮して、さらに高密度のコアを作ります。途中で水素分子が原子に解離すると重力収縮は勢いを増し、最終的に太陽と同様に外向きの圧力が重力に拮抗して、収縮の勢いが収まります。この段階にある星を「原始星」と呼びます。生まれたての赤ちゃん星です。

原始星は、太陽などの主系列星と異なり、核融合を起こしません。そのため、星の中心部で新たにエネルギーを作ることができず、緩やかながら重力収縮を続けます。その際に解放される重力エネルギーが熱に変わることで、物質が光を放ちます。同じように光り輝く星でも、主系列星と原始星では、エネルギー源が全く異なるのです。また、原始星は周囲に冷たいガスや塵を纏っているため、星表面から放射される可視光は外部まで届かず、主に赤外線や電波で観測されます。

周囲のガスがなくなると、星が露出し、可視光でも観測できるようになります。この段階にある星は、最初に発見された天体にちなんで「おうし座T型（Tタウリ）星」と呼ばれます。おうし座T型星は、主系列星よりも活動性の高いものが多く、強烈なX線フレアが観測されます。また、星の周囲にはガスや塵からなる「原始惑星系円盤」を伴い、太陽系のような惑星系の形成過程を知る上で貴重な手がかりを与えてくれます。

●星は分子雲内の重力収縮によって生まれる
●原始星は核融合せず、緩やかに重力収縮して輝く
●おうし座T型星は活動性が高い

分子雲から原始星が生まれるまで

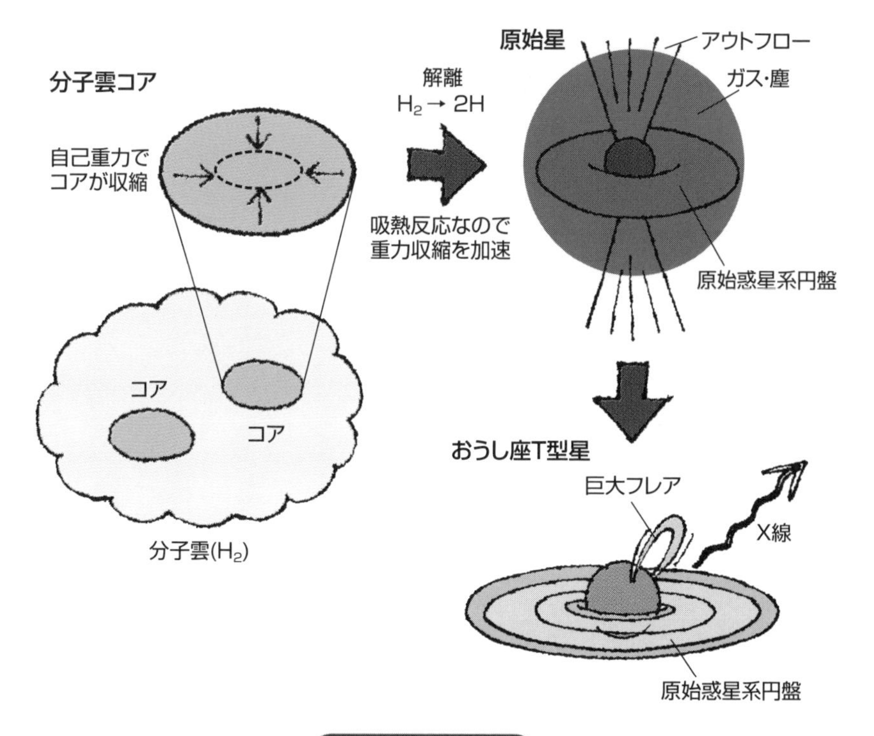

おうし座HL星

ALMA望遠鏡が見た「おうし座HL星」(おうし座T型星の一つ)。原始惑星系円盤が鮮明に映し出されている。

(ALMA(ESO/NAOJ/NRAO))

28 太陽系外惑星とハビタブルゾーン

灼熱のホットジュピターからハビタブルな惑星探しへ

太陽系の他に惑星をもつ恒星系は存在するのでしょうか？　1995年、ミシェル・マイヨールとディディエ・ケローは、地球から距離16pcほどにあるペガスス座51番星から、初めて系外惑星を発見しました。惑星の重力による恒星の微小な揺れを捉える「ドップラー法」によって得られた成果です。発見された惑星は、木星の半分ほどの質量を持つものの、中心の恒星からわずか0・05AUの距離を公転していました。このタイプの系外惑星は、高温の環境にある木星のような星であることから「ホットジュピター（熱い木星）」と呼ばれます。なお、マイヨールとケローは、この成果により2019年のノーベル物理学賞を受賞します。

ひとたび系外惑星が発見されると、ドップラー法以外の方法でも、数々の系外惑星が見つかるようになります。中でも顕著な成果を挙げたのが、NASAが2009年に打ち上げたケプラー宇宙望遠鏡です。このミッションは、惑星が恒星の前を通過する際に起こる「食」を利用して、恒星の光度変化から惑星の存在と半径を推定する「トランジット法」を使います。この方法により、ケプラーは2018年の運用終了までに3000個近い系外惑星を発見しました。また、その中には地球に似た岩石質の惑星も含まれていました。

多くの天文学者は、地球と同様、生命が存在できる惑星が必ずあると考えています。このような惑星が置かれる環境は、一般に「ハビタブルゾーン」と呼ばれます。最も単純には、ハビタブルゾーンは液体の水が存在できる領域として定義され、その範囲は中心にある恒星の光度や、恒星–惑星間の距離に依存します。太陽のようなG型星に比べて明るいA型やF型の星ではハビタブルゾーンはより遠くに、K型やM型などの暗い恒星では、より近くにハビタブルゾーンがあります。実際には、恒星のフレアなどの活動性や紫外線の影響など、惑星の大気には様々な要因が関係し、真に生命が存在できるハビタブルゾーンの定義は、より複雑なものになります。

要点BOX

- ●1995年、ドップラー法で初めて系外惑星を発見
- ●ケプラー宇宙望遠鏡はトランジット法を用いて大量の系外惑星を発見

太陽系外惑星の探索手法

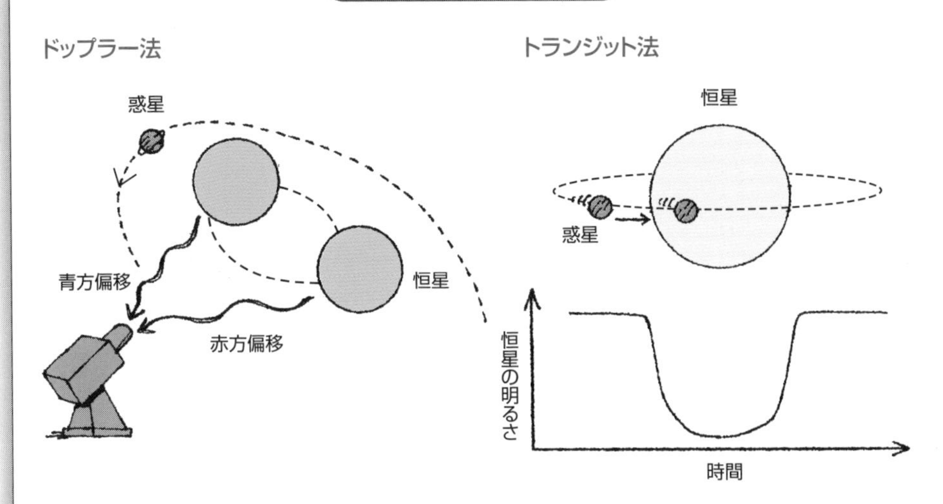

これまでに発見された系外惑星の累積数

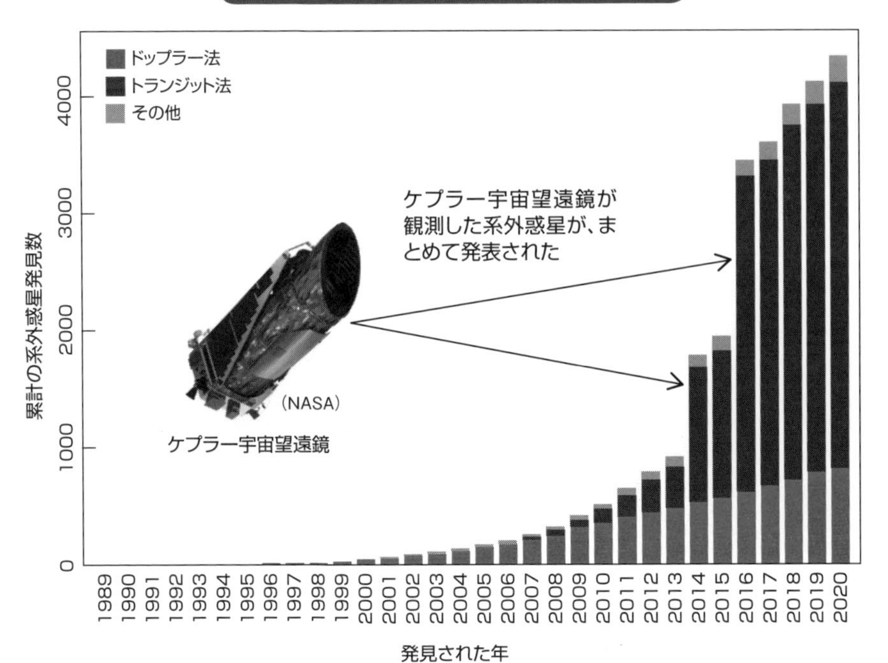

Column

日食の思い出

肉眼で観測できる天文現象の中で、皆既日食のインパクトは格別です。地球から見た太陽と月の視直径がほぼ等しいという奇跡によって成り立つこのイベントは、科学的にも重要な役割を果たします。例えば、普段は光球の明るさに邪魔されて見えない太陽コロナを、日食時には詳細に観測できます。アインシュタインが唱えた一般相対性理論の検証も、日食を利用した星の観測によって成功しました(34)。また、皆既日食の前後にみられるダイヤモンドリングは、言葉を失うほどに美しく幻想的です。

幸運なことに、筆者の2人はこの奇跡のイベントを直接堪能する機会に恵まれました。2017年8月21日、この日は皆既帯（皆既日食が見えるエリア）が99年ぶりに北米大陸を横断することで、全米が大いに盛り上がっていました。米国天文学会の高エネルギー宇宙物理学分科会が主催する定例研究会も、このイベントに合わせてアイダホ州のサンバレーで開催され、我々2人はそれに招待されました。通常、この研究会は朝から晩まで講演が組まれますが、この日に限って開始時間が午後3時と、日食観測に向けての支援も万全です。午前中から徐々に太陽が欠け始め、広場にわらわらと人が集まってきます。そしてダイヤモンドリングが見えると、大歓声。約2分続く暗闇のあと、二度目のダイヤモンドリングで感動のフィナーレを迎えます。

さて、このイベントで印象深かったことを2点ほど。1つめは、皆既日食の2分間、体感できるほど急速に気温が下がったことです。私たちが日中に太陽から受けているエネルギーの大きさを、はっきりと実感できました。ppチェインよ、ありがとう。そしてもうひとつが、皆既日食の直前から最中にかけて、そこら中の犬が吠えまくっていたことです。野生（飼い犬だけど）の本能が、この現象が只事ではないことを認識したのでしょう。そのおかげで、科学がなかった時代の人類にとって、日食がいかに恐ろしい現象であったかを、すんなりと理解できました。古事記や日本書紀に残る「アマテラスの岩戸隠れ」も、皆既日食を表す神話と言われます。太陽神であるアマテラスが身を隠したために、世界に災いが続いたと伝わります。たかが数分間の現象にしては少し大げさですが、原理を知らない人々にとっては世界の終わりのように見えたのにも十分に頷けるのです。

第4章

コンパクト天体

29 不思議なコンパクト天体の世界

多様性と法則性が織りなす極限天体

19世紀になると、太陽を除いて全天で一番明るい恒星シリウスが、連星を組んでいることが明らかになりました。可視光では暗く、それまで主星の明るさに隠されていた伴星が発見されたのです。その後の観測で、この伴星は太陽と同程度の質量が地球サイズに詰め込まれた高密度な天体「白色矮星」であることが明らかになります。

第二次世界大戦後、電波天文学が発展していくなかで、数秒の周期的な電波パルスを出す謎の天体が発見されました。発見当初は、宇宙人からの信号かと騒がれたりもしましたが、その正体は白色矮星よりもさらに密度の高い「中性子星」であることが判明します。中性子星は、半径10㎞ほどの小さな領域に太陽の1～2倍の質量を含む天体です。なかでも周期的なパルスを出す天体はパルサーと呼ばれます。

その後、X線天文学の黎明期に発見されたX線源の中に、速い時間変動をしつつも、パルサーのように規則的ではなく、ランダムな光度変化を示す天体が見つかります。対応天体を可視光で観測すると、そのX線源は、大きな質量のため中性子星としても存続できず、自らの重力で完全に潰れた「ブラックホール」であることが判明しました。

これら3種類の不思議な天体「白色矮星」「中性子星」「ブラックホール」は、小さな空間に莫大な質量が閉じ込められているため、総称して「コンパクト天体」と呼ばれます。コンパクト天体は、通常の恒星がその一生を終えた後の姿です。電波やX線で明るく輝き、激しい時間変動を見せるのが特徴です。宇宙の極限環境とも言えるこれらの天体では、星の内部の物理を記述する量子力学、強い重力場の物理を記述する一般相対性理論、強磁場中の量子効果を扱う量子電磁力学など、様々な現代物理学の理論が活躍します。この章では、法則性と多様性が織りなすコンパクト天体の魅力的な世界を紹介します。

要点BOX

- ●地球サイズで太陽ほどの質量をもつ白色矮星
- ●周期的な電波パルスで発見された中性子星
- ●X線源として見つかったブラックホール

可視光とX線で見たシリウス

可視光（ハッブル宇宙望遠鏡）

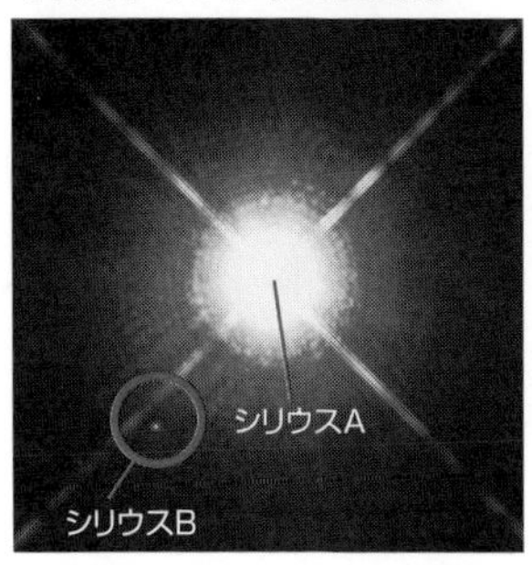

X線（チャンドラX線望遠鏡）

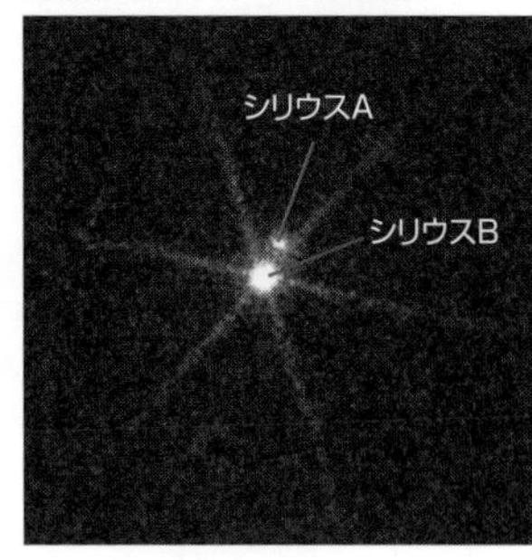

左は可視光、右はX線で撮影した連星系シリウスの姿。主系列星(恒星)であるシリウスAに対し、白色矮星のシリウスBは、可視光では暗いがX線では明るく見える。

（左：NASA, ESA, H. Bond（STScI), and M. Barstow（University of Leicester））（右：NASA/SAO/CXC）

コンパクト天体の種類

	白色矮星	中性子星	ブラックホール
半径	6000 km	~10 km	無限小の特異点*
質量	~0.3-1.4 太陽質量	~1.4-2.0 太陽質量	＞ 3 太陽質量
誕生	中小質量星の進化後に残される	大質量星の超新星爆発	大質量星の超新星爆発や中性子星の合体など

* シュワルツシルト半径（34）をブラックホールの半径と見なす場合もある

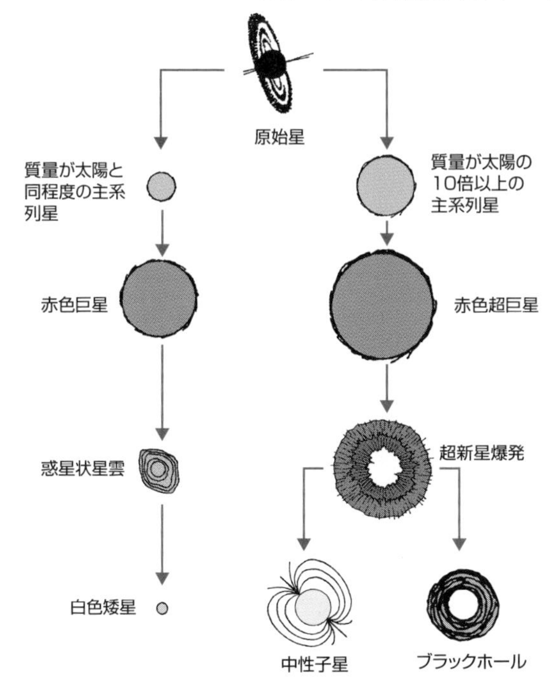

30 電子の縮退圧が支える「白色矮星」

太陽などの恒星は、内部の核融合で発生するエネルギーに由来する外向きの圧力と、潰れようとする内向きの重力とが釣り合っています。しかし、核融合が進み燃料がなくなると、やがて外向きの圧力が重力に対抗できなくなり、星は潰れてしまいます。これを「重力崩壊」と呼びます。重力崩壊によって小さな空間に莫大な質量が閉じ込められると、電子の縮退圧という別の外向きの力が働くようになります。縮退圧とは、粒子の量子力学的な性質に起因する力です。「パウリの排他律」と呼ばれる規則のため、小さな空間に多量の電子が閉じ込められると、必ず運動量の大きな電子が発生し、これが外向きの圧力を作ります。シリウスAの伴星として見つかったシリウスBも、この縮退圧によって支えられています。私たちは、マクロな白色矮星の観測を通して、ミクロな量子力学の効果を確認できるのです。

電子の縮退圧で支えられる白色矮星の質量は、理論上、太陽質量の約1・4倍を超えられません。この限界質量は、提唱者のスブラマニアン・チャンドラセカールにちなんで「チャンドラセカール限界」と呼ばれます。この質量に近づくと、白色矮星は急速に収縮してIa型超新星(40)を起こすか、あるいは星内部の電子と陽子が結びついて中性子星になると考えられています（図）。

白色矮星の質量がチャンドラセカール限界に近づくには、白色矮星と通常の恒星からなる連星系の中で、相手の星から質量を得なければなりません(26)。質量輸送によって降着した物質は、白色矮星の表面で核融合を起こし、軟X線などで輝きます。さらに、核融合が短時間で一気に起こると、新星爆発として観測されます。白色矮星と主系列星の連星である「さそり座U星」は、約10年おきに新星爆発を繰り返す「反復新星」として有名です。これほど短周期で新星を起こすためには、白色矮星の質量がチャンドラセカール限界に近くてはなりません。そのため、「さそり座U星」は、近い将来にIa型超新星を起こすと予想されています。

要点BOX

- ●電子の量子力学的な性質に由来する縮退圧
- ●白色矮星が安定に存在できる質量の上限は「チャンドラセカール限界」と呼ばれる

星の種類と、重力に対抗する様々な力

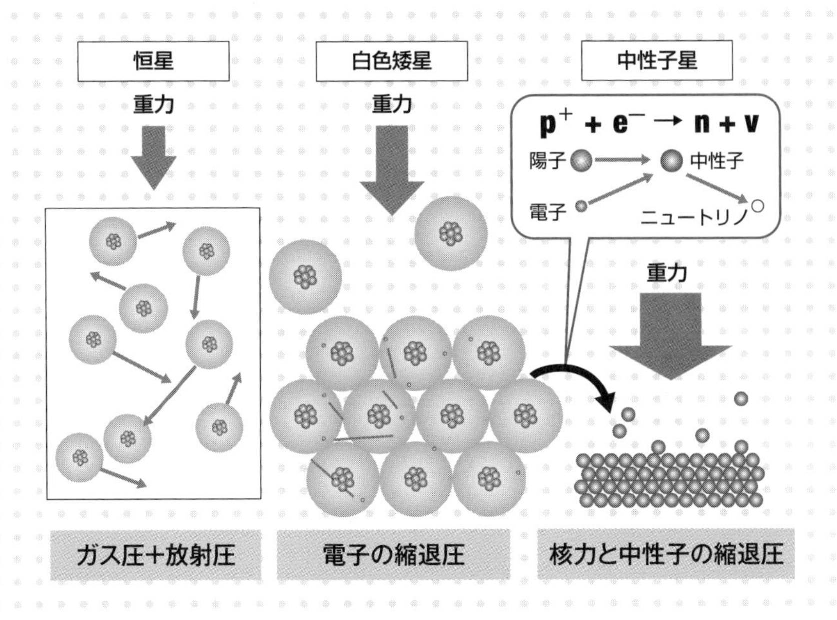

さそり座U星

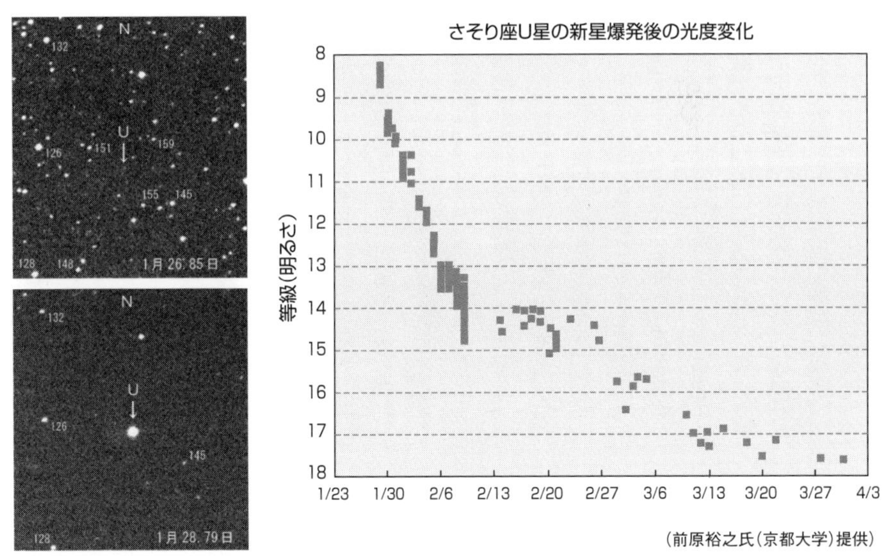

(前原裕之氏(京都大学)提供)

「さそり座U星」が2010年に起こした新星爆発の前後に撮られた光学写真(上：爆発前、下：爆発後)。なお、「新星」は白色矮星の表面部で起こる局所的な爆発現象であり、白色矮星全体の爆発は「Ia型超新星」(40)と呼ばれる。

31 高速で自転する宇宙の灯台「中性子星」

原子核密度を超えるコンパクト天体

中性子星は、白色矮星よりもさらに密度の高いコンパクト天体です。1967年、人類は宇宙から1・3秒の周期で規則的にやってくる電波の信号を検出します。発見したのは、ケンブリッジ大学の大学院生だったジョスリン・ベル・バーネルで、その指導教官であったアントニー・ヒューイッシュがノーベル物理学賞を受賞します。

当初、その規則性のため宇宙人からのメッセージかとも騒がれたこの信号ですが、その後、高速で自転する中性子星が起源であると判明しました。磁軸方向に放射される電波ビームが灯台のように回転し（図）、それが地球を向く際にパルスとして見えていたのです。このように規則的なパルスを出す天体は、パルサーと呼ばれます。最初に見つかった中性子星はPSR B1919＋21と名付けられ、観測された電波の波形は、音楽業界では　ジョイ・ディヴィジョンのアルバム『Unknown Pleasures』のジャケットとして使われるなど有名になりました。

中性子星は、半径10㎞ほどの球体内に太陽の1・4から2・0倍ほどの質量が閉じ込められ、星の内部は原子核密度を超える高密度になっています。そのため、巨大な原子核とたとえられることもあります。中性子星の内部では、電子が原子核内の陽子にめり込むようにして中性子化し、中性子の比率が高くなります。中性子星という名前の由来です。

この星内部の高密度な状態を物理的に記述するのが「状態方程式」で、いまだ未解明の大問題になっています。天文学者に限らず、原子核物理学者も巻き込んだ盛んな研究が行われ、中性子星の質量と半径を精密に測定することで「状態方程式」のヒントが得られると期待されています。さらに中性子星は、数秒以下の高速で自転し、磁場は表面でも典型的に10^{12}ガウスと、身の回りの磁石の1億倍以上の強さ、表面からは強い放射があるなど、高密度・高速自転・強磁場・強重力など、宇宙の中でも極限的な物理環境が発現する天体です。

要点BOX
- ●電波ビームを放射しながら高速で自転するパルサー
- ●内部は高密度状態で巨大な原子核
- ●高速自転、強磁場、強重力などの極限環境

自転する中性子星(パルサー)の概念図

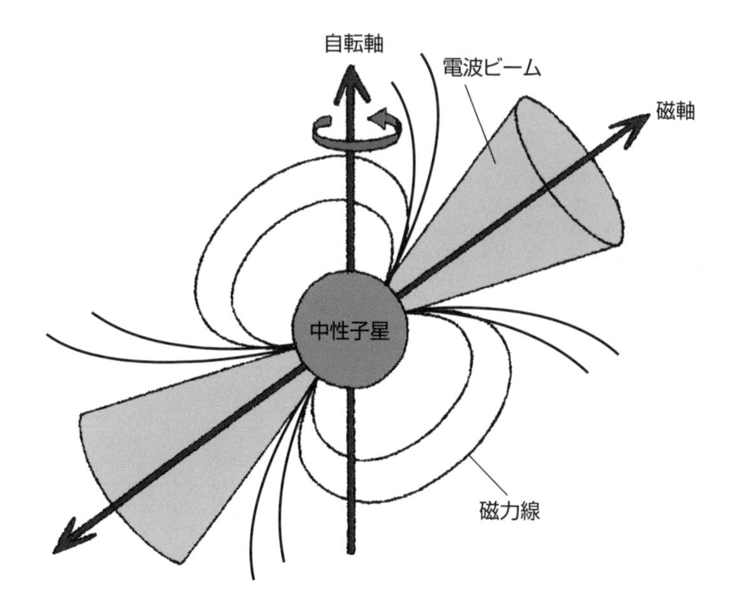

中性子星の内部構造

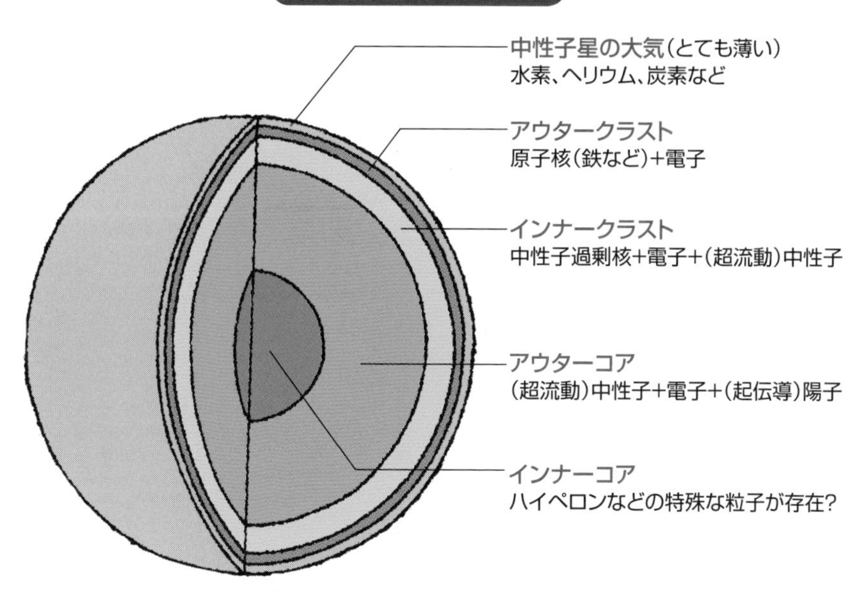

中性子星は、半径が10 kmほどの球体中に太陽の1.4-2.0倍ほどの
物質が詰めこまれた高密度な天体

32 中性子星の動物園

回転、磁場、降着、熱のエネルギーで輝く多様な星々

最も有名な中性子星は、「かに星雲」（メシエカタログ⑮）の第1番天体）の中心にある「かにパルサー」です。おうし座に位置する「かに星雲」は、可視光で観測されるフィラメント構造がカニのように見えるため、この名前で呼ばれています。「かにパルサー」は1054年の超新星爆発で誕生して千年ほどが経過し、現在、33ミリ秒という短周期で高速自転しています。このパルサーからは、規則的な信号が、電波から可視光、X線からガンマ線までほぼ全ての波長で観測されています。かにパルサーを観測したチャンドラX線望遠鏡は、パルサーから外側に吹き出すプラズマの流れを捉えています（図）。この構造は「パルサー風星雲」と呼ばれます。

最新の宇宙観測では、銀河系内を中心に、2800個を超える中性子星（パルサー）が見つかっています。パルサーは超新星爆発で誕生した直後は高速で自転すると考えられており、徐々に回転エネルギーを失って自転が遅くなります。パルサーを長期で観測すると、自転周期に加えて、自転が減速する速さ、すなわち周期変化率を測定できます。図は、これまでに見つかっているパルサーの自転周期とその変化率を示したもので、複数の島に分布することに気が付きます。基本的には、どの中性子星も図の左上で誕生し、徐々に周期を落として右下へと移動します。しかし、誕生時の磁場強度や自転速度、伴星の有無といった条件の違いによって個性が生まれ、図中に示されたいくつかの種族に分類されます。このような多様性は「中性子星の動物園」と呼ばれます。

中性子星は、核融合で輝く通常の恒星とは異なり、超新星爆発の残熱や、高速の自転エネルギー、質量降着による重力エネルギー、星内部に蓄えた磁気エネルギーを解放して輝いています。様々なエネルギー源で輝く中性子星がなぜそのような多様性を持つのか、誕生後にどのような進化を辿るのかを理解するのは、中性子星研究の中心テーマのひとつです。

要点BOX
- ●かにパルサーの信号はほぼ全ての波長で観測
- ●長期観測で自転周期と周期変化率を測定
- ●多様性や進化の過程が研究されている

可視光とX線で観測した「かに星雲」

可視光（ハッブル宇宙望遠鏡）

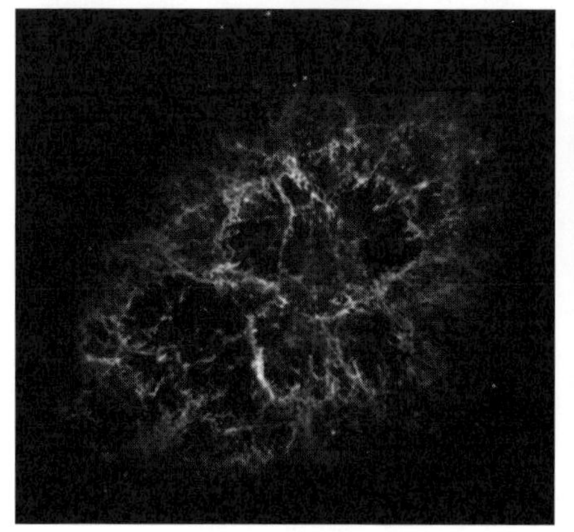

（NASA/ESA/ASU/J.Hester & A.Loll）

X線（チャンドラX線望遠鏡）

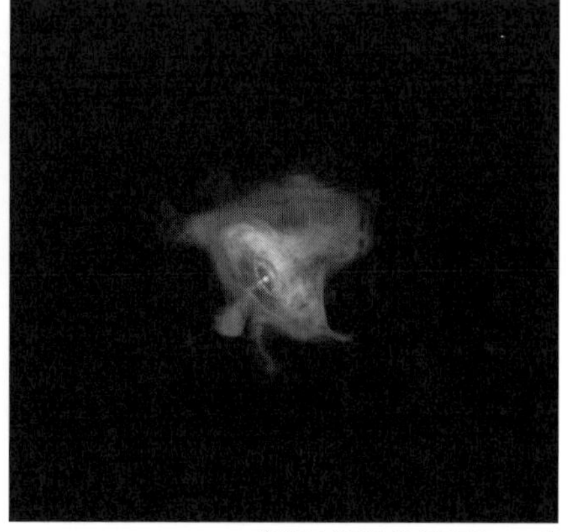

（NASA/CXC/SAO/F.Seward）

中性子星の自転周期とその変化率

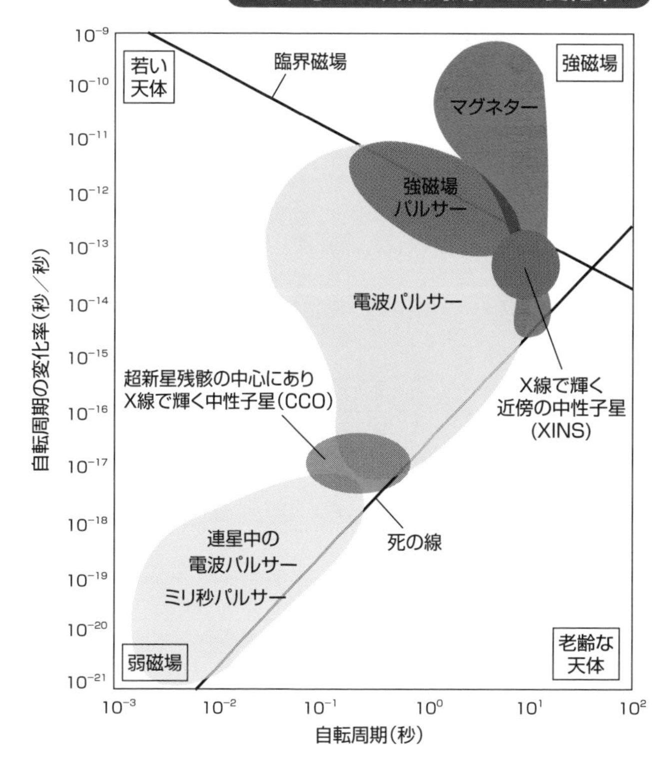

「臨界磁場」より右上の領域では、光子の自然分裂など強磁場特有の効果が現れる。一方、「死の線」より右下の領域では、パルサーが電磁波放射の能力を失う。そのためこの領域には中性子星が見つからない。

33 宇宙最強の磁石星「マグネター」

磁場エネルギーを解放して輝く中性子星

中性子星の中で最も磁場の強い種族が、宇宙最強の磁石星と言われる「マグネター」です。その磁場は10^{14}ガウス（太陽黒点⑳の千億倍）以上にもおよび、莫大な磁場エネルギーの解放によって星が輝きます。

ガンマ線の宇宙観測が進む中で、軟ガンマ線で明滅を繰りかえす「巨大フレア」という驚異的な爆発現象が見つかりました（図）。巨大フレアは、天の川銀河と大マゼラン雲の3天体から見つかっています。これらの巨大フレアを起こす天体は、「軟ガンマ線リピーター」（Soft Gamma Repeater：SGR）と名付けられました。軟ガンマ線リピーターからは、継続時間の短いガンマ線放射（ショートバースト）も高頻度で観測されるようになりました。

一方で、明るいX線放射を星の回転エネルギーや重力エネルギーの解放では説明できない謎のパルサーも発見され、「特異X線パルサー」と呼ばれるようになります。歴史的には、「軟ガンマ線リピーター」と「特異X線パルサー」は別種の天体として見つかりましたが、どちらも類似のX線スペクトルで輝き、後者からも頻発するショートバーストが見つかったため、今では2種族ともに同一種族の「マグネター」と考えられるようになりました。マグネターは図のような磁場構造をもちます。ショートバーストでは、磁気リコネクションで磁気エネルギーが解放され、軟ガンマ線を放出する火の玉ができているのではないかと考えられます。

銀河系内ではこれまでに20天体ほどのマグネターが発見されていますが、他にも暗いマグネターが数多く隠れています。これらは、まれにX線で急激に明るくなり、ショートバーストを頻発し、数ヶ月から数年をかけて徐々に暗くなるアウトバースト（突発現象）を起こします。マグネターはX線天文学における代表的な突発天体のひとつで、磁気活動の活発な若い中性子星と考えられるため、マグネターの発見は、中性子星の進化を解明するヒントになります。最近では、マグネター以外の中性子星からも、類似のアウトバーストが観測されました。

要点BOX

- ●巨大フレアを起こす「軟ガンマ線リピーター」
- ●X線で明るい謎の「特異X線パルサー」
- ●両方をあわせて宇宙最強の磁石星「マグネター」

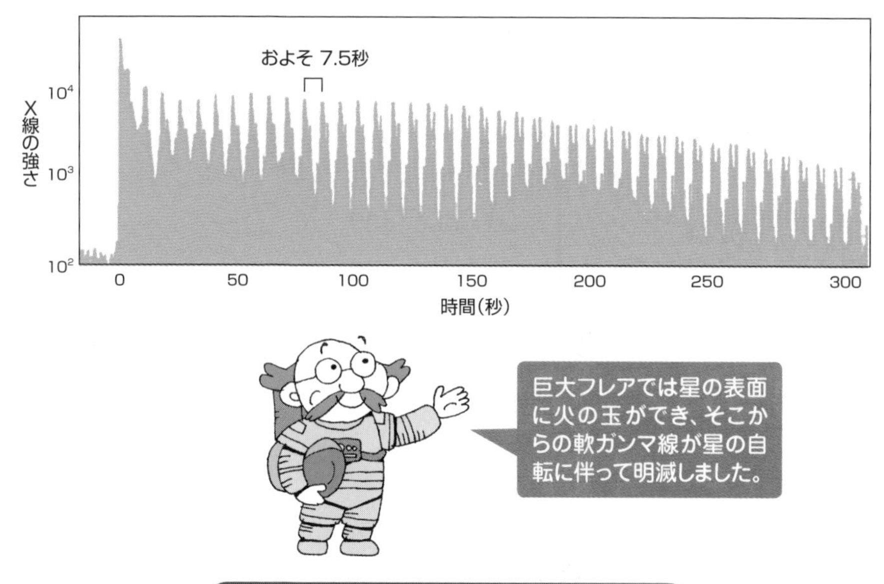

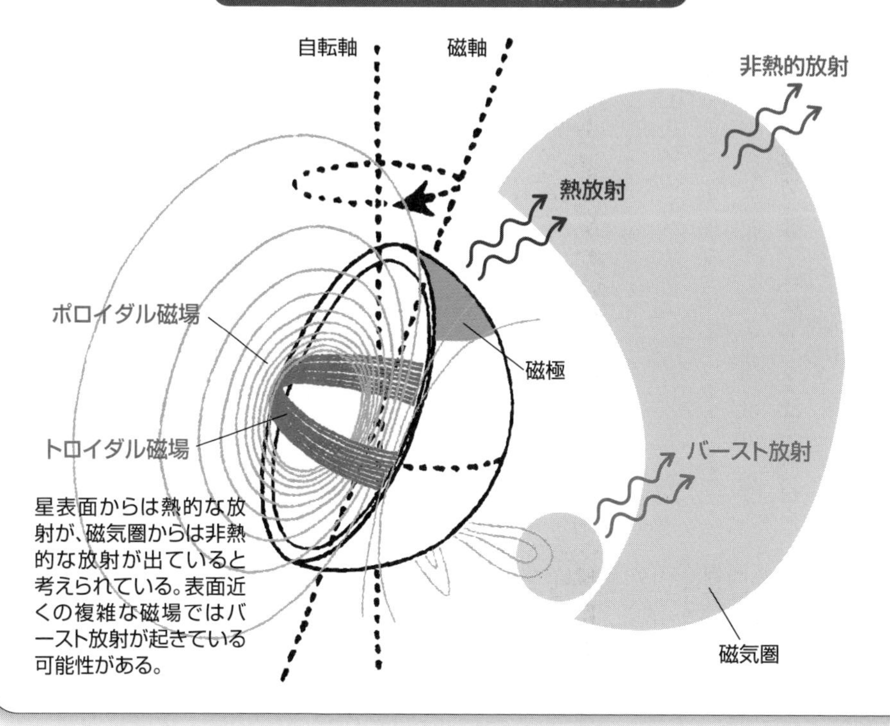

星表面からは熱的な放射が、磁気圏からは非熱的な放射が出ていると考えられている。表面近くの複雑な磁場ではバースト放射が起きている可能性がある。

34 一般相対性理論が導き出したブラックホール

光さえも抜け出せない宇宙の黒い穴

アルバート・アインシュタインは、20世紀初頭に一般相対性理論を発表しました。この理論は、質量があると周囲の時空が歪み、物体や光の進行方向が変わることを予言します。例えば太陽の近傍でも、その質量によって時空はわずかに歪められています。そのため、背後の星から来る光が太陽をかすめると、太陽がない場合に比べ、星の見かけ上の位置がわずかにずれることが予想されます。しかし、この現象を明るい昼間に確認することはできません。そこでアーサー・エディントンらは、1919年5月29日に大西洋の島で、日食の最中にこの効果を検出して、一般相対性理論の正しさを証明しました。

一方、エディントンの観測に先立ち、カール・シュワルツシルトは、巨大な質量が小さな空間に集中した場合、時空の歪みが極端に大きくなるため、光さえも脱出できなくなるような領域、すなわちブラックホールが出現することを理論的に見出しました。

この理論は本来、難しい数式を使わないと説明できないのですが、直感的には次のように理解できます。地球からロケットを打ち上げることを考えましょう。ロケットは初速度が大きいほど、より高くまで到達でき、初速度が秒速11kmを超えると、地球の重力圏から完全に離脱できます。これを「脱出速度」と呼びます。脱出速度は天体ごとに異なります。天体の質量が大きいほど、あるいは半径が小さいほど、脱出速度は大きくなり、極端な場合は光速をも上回ります。つまり、そのような天体からは、いかなるものも脱出できません。この領域の半径を「シュワルツシルト半径」と呼びます。質量Mの天体におけるシュワルツシルト半径（R_S）は、重力定数G、光速cを用いて、$R_S=2GM/c^2$と表されます。太陽の質量に対するR_Sは3km、地球の質量では1cmになります。つまり、太陽や地球をこの半径まで押しつぶすと、光も脱出できないブラックホールになるわけです。

要点BOX

- ●日食中の観測で一般相対性理論を証明
- ●天体の質量が大きく半径が小さいほど脱出速度が大きくなり、やがて光も脱出できなくなる

質量は周辺の時空を歪める

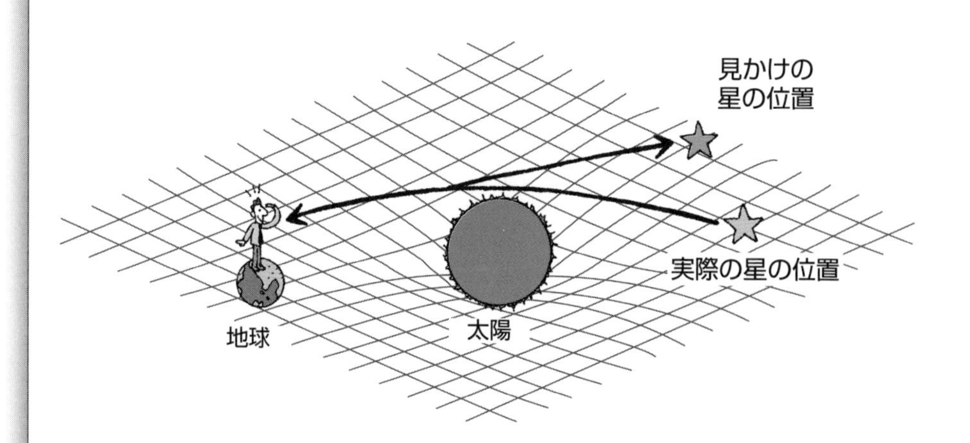

脱出速度とシュワルツシルト半径

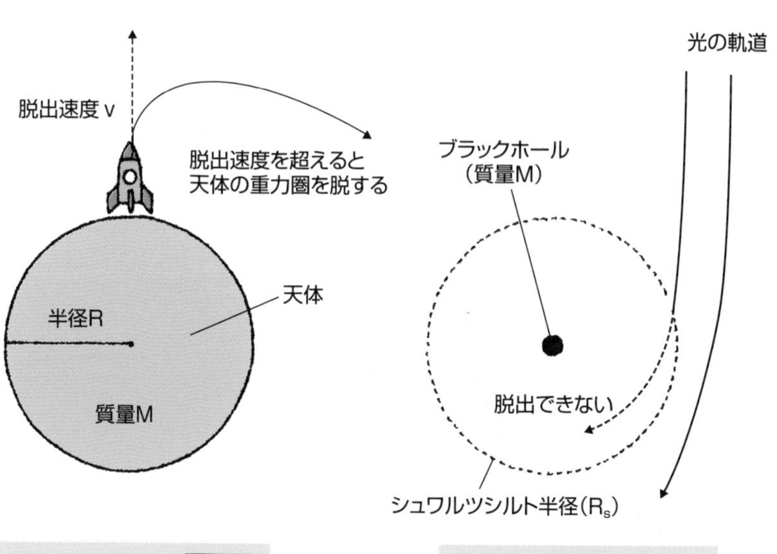

脱出速度 $v = \sqrt{\dfrac{2GM}{R}}$

Gは重力定数

$$R_s = \frac{2GM}{c^2}$$

cは光速

35 X線連星の「恒星質量ブラックホール」

光も脱出できないブラックホールはなぜ輝くか

ブラックホールは一般相対性理論の数学的な解ではありましたが、長らく現実の天体としては確認されませんでした。実際の観測によるブラックホールの発見は、X線天文学の発展がもたらしたものです。初期のロケット実験によって発見された「はくちょう座X-1」は、1秒以下の短時間で激しく変動する明るいX線源でした。短時間の光度変動は、光源の大きさが極めて小さいことを意味します。

日本のX線天文学の父とも呼ばれる小田稔は、宇宙観測用の気球に搭載した「すだれコリメータ」を用いて、謎のX線源の方向を特定しました。その方向を可視光で観測したところ、5・6日周期で公転する伴星が見つかります。この非常に短い公転周期は、可視光では見えない「はくちょう座X-1」の強い重力によって実現していたのです。つまり、「はくちょう座X-1」は、コンパクト（半径が小さい）かつ、相手の星を振り回すほどの大質量をもつ天体、ブラックホールだったのです。

ブラックホールそのものは光りません。しかし、「はくちょう座X-1」のような、ブラックホールと普通の星の連星は、強烈なX線源となります。このような連星系では、ブラックホールの強い重力が相手の星から物質を剥ぎ取り、吸い寄せ、ブラックホールの周辺に「降着円盤」と呼ばれる平べったい構造を作ります（図）。降着円盤内の物質はブラックホールの近くに引き寄せられるにつれて高温になります。この高温の円盤内縁が、明るいX線源として観測できるのです。高温の物質は、やがてブラックホールのシュワルツシルト半径を超えて落ちていきます。その際、中心のブラックホールからは、円盤の垂直方向に高速のジェットが吹き出すと考えられています。最近は、降着円盤の内側からのX線と外側からの可視光の同時観測など、多波長観測が盛んに行われています。

- ●X線天文学の発展がブラックホールの発見に寄与
- ●ブラックホールに落ちる物質は降着円盤を形成
- ●高温の降着円盤からX線が出る

すだれコリメータの仕組みと、はくちょう座X-1のX線観測

すだれコリメータの原理

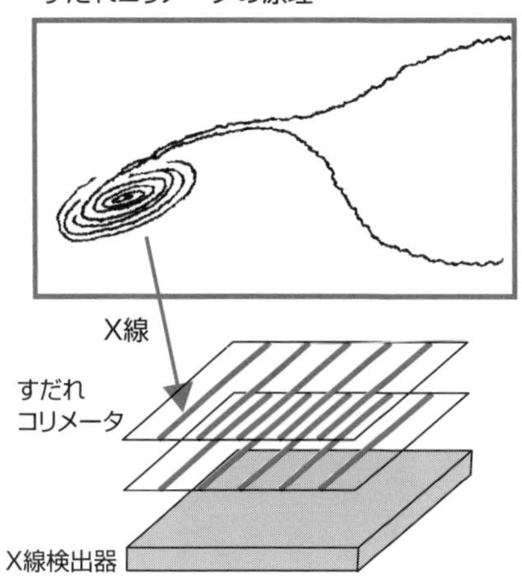

すだれコリメータの考案者
小田稔(1923~2001)

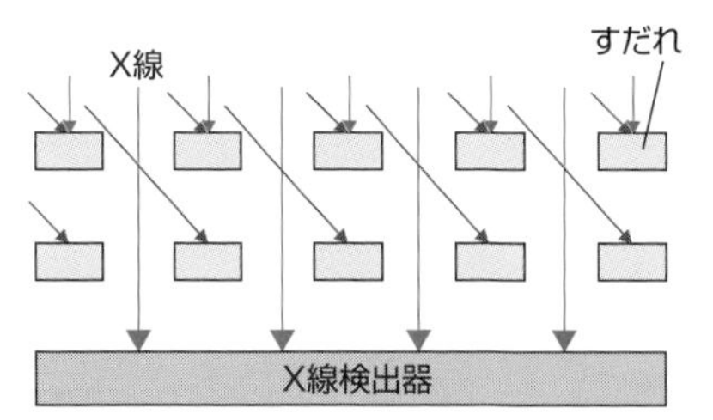

2枚の格子状の「すだれ」を使うことで、特定の方向からのX線だけを検出し、X線天体の位置を決定する。

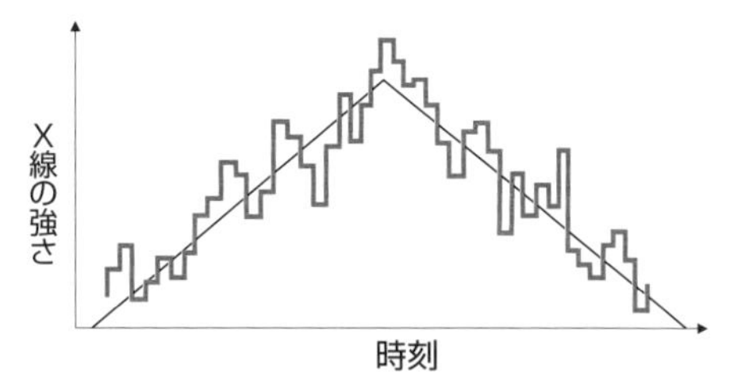

図の三角形は、観測装置がブラックホールの方角を向くに従って徐々に明るくなることを示す。さらに数秒の速い変動が見える

ブラックホールの周辺に形成される降着円盤

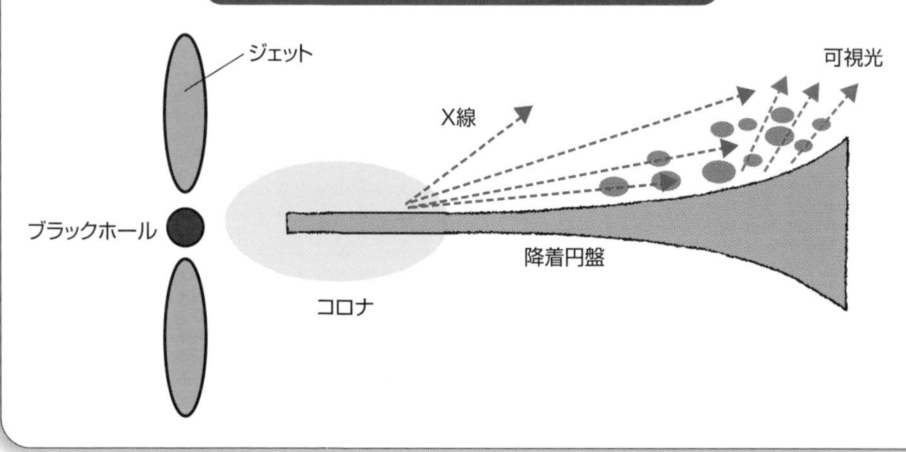

36 銀河中心の「超大質量ブラックホール」

ジェットも吹き出す銀河の中心のモンスター

35で登場した連星系のブラックホールは、太陽質量の3倍から30倍ほどの質量を持つ「恒星質量ブラックホール」です。これまでに、天の川銀河の中だけでも既に数十個ほどの恒星質量ブラックホールが発見されています。一方、天の川銀河の中心には、太陽の400万倍という莫大な質量をもつ別種のブラックホールが鎮座します。これを「超大質量ブラックホール」と呼びます。天の川中心のブラックホールはシュワルツシルト半径が0・08AU（地球と太陽の距離の8％）にもおよびますが、このようなブラックホールも広い意味での「コンパクト天体」に分類されます。

では、巨大なブラックホールが天の川の中心にいることは、どのようにしてわかったのでしょうか。天の川中心領域を長期にわたって観測すると、星の位置の変化が観測できます。中心には何もないように見えますが、周囲の星たちはその周りを公転するかのような動きを見せます。この事実から、中心には見えない「何か」があると考えられます。そして、見えている星たちに働く万有引力と遠心力の釣り合いから、見えない「何か」の質量が太陽の400万倍であることがわかったのです。そのような天体は、ブラックホール以外には考えられません。ラインハルト・ゲンツェルとアンドレア・ゲズが率いた2つのグループは、天の川銀河の中心にある「いて座A*」という電波源の周りの星を近赤外線を使って26年間にわたって観測し、超大質量ブラックホールの存在を明らかにしたことで、2020年のノーベル物理学賞を受賞しています。

超大質量ブラックホールは、他の銀河の中心にも普遍的に存在し、その質量は太陽の10万倍から100億倍ほどに及びます。2019年にイベント・ホライズン・テレスコープ（EHT）が検出した「黒い穴」16は、楕円銀河M87の中心にある超大質量ブラックホールです。シュワルツシルト半径の内側からは光が抜け出せないため、黒い穴として観測されるのです。

●星の動きで銀河中心ブラックホールが見つかる
●太陽質量の400万倍ものブラックホール
●系外銀河の中心にも超大質量ブラックホールが存在

いて座A*ブラックホール周辺の星の運動

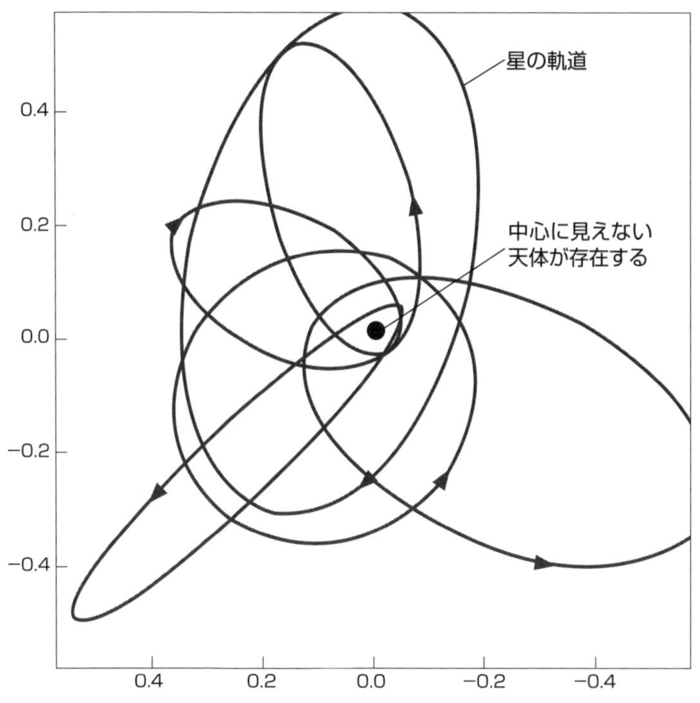

天の川銀河の中心領域の星の楕円軌道を見ると、中心には光を出さない巨大な質量をもつ天体が隠れていることがわかる。

楕円銀河M87の中心ブラックホール

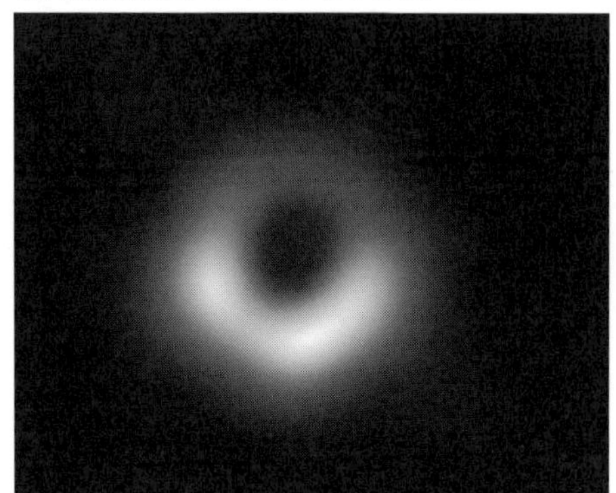

イベント・ホライズン・テレスコープ(Event Horizon Telescope：EHT)が観測した、M87中心の超大質量ブラックホール。

(EHT Collaboration)

M87から放出されるジェット

ハッブル宇宙望遠鏡が撮影した M87の中心からのジェット。

(NASA and the Hubble Heritage Team (STScI/AURA))

37 中間質量ブラックホールは存在するか？

超大光度X線源（ULX）とULXパルサー

恒星質量ブラックホールと超大質量ブラックホールの質量の間には大きな空白地帯があります。この2種族の間に、中間質量のブラックホールが存在するのかは、天文学者の関心の一つです。たとえば、近傍銀河では銀河の中心からずれた位置に超大光度X線源（Ultra-Luminous X-ray Source：ULX）という明るいX線天体が見つかっており、中間質量ブラックホールの候補と考えられていました。物質が降着して重力エネルギーを解放して輝ける明るさ（光度）には、エディントン光度と呼ばれる、質量に比例した理論的な最大光度があります。ULXがエディントン光度で輝いている天体と考えると、中間的な質量をもつブラックホールという解釈になります。一方で、降着円盤の形状や環境によってはエディントン光度を超えて輝けるとする理論もあり、その場合は恒星質量ブラックホールでもULXが説明できてしまいます。

最近になって、ブラックホールだと思われていたULXのひとつM82X-2から、予想もしなかったX線のパルスが見つかりました。これは、この天体がブラックホールではなく、自転する中性子星（パルサー）であることを明確に示しています。その後、他のULXのいくつかでもパルスが見つかり、これまでブラックホールだと思われていたULXのなかには、中性子星が紛れていることが明らかになってきました。中性子星の質量はブラックホールよりも小さく、太陽質量の1・4から2・0倍でしかないため、この事実は、エディントン光度を超えるような輝き方をするコンパクト天体が実際に存在することも示しています。

一方で、最近見つかった、GW190521という重力波信号では、ブラックホール合体で142太陽質量のブラックホールが形成されたことがわかり、明確な中間質量ブラックホールとして注目されています。今後の研究が期待されます。

要点BOX

- ●ブラックホールの質量分布には空白地帯がある
- ●質量に比例した理論的な最大光度「エディントン光度」
- ●エディントン光度を超えて輝く天体も存在する

中性子星とブラックホールの質量分布

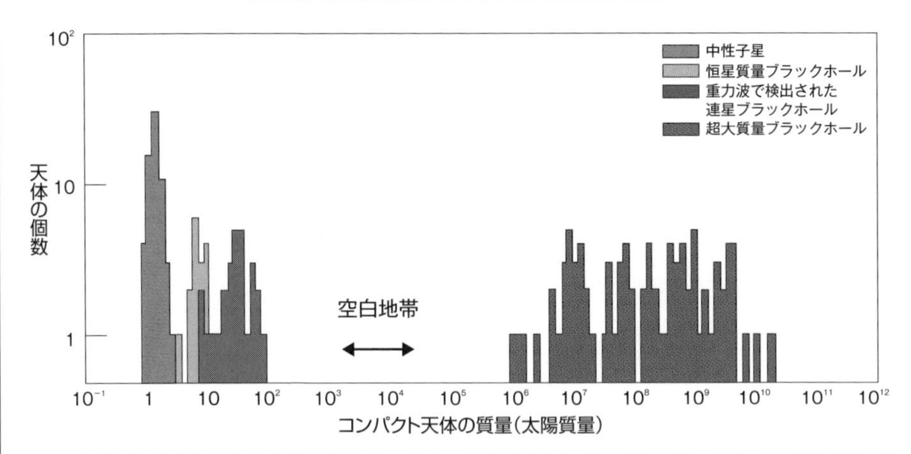

2018年までに発見された中性子星とブラックホールの質量分布。超大質量ブラックホールが恒星質量ブラックホールの合体や質量降着によって形成されるのであれば、それらの中間の質量帯を埋めるブラックホールが存在するはずである。しかしそのような天体はほとんど見つかっておらず、ブラックホールの質量分布には約4桁にわたる「空白地帯」が見られる。ただし、2019年には重力波観測によって、本図には示されていない142太陽質量のブラックホールが誕生したことも明らかにされており、今後の研究が期待される。

スターバースト銀河 M82の全体像と中心部のX線画像

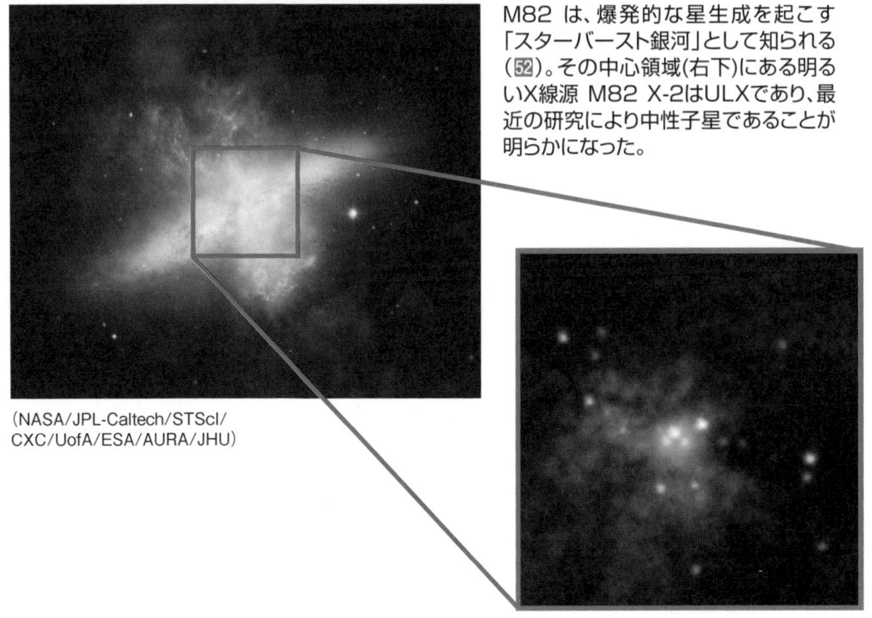

M82 は、爆発的な星生成を起こす「スターバースト銀河」として知られる(52)。その中心領域(右下)にある明るいX線源 M82 X-2はULXであり、最近の研究により中性子星であることが明らかになった。

(NASA/JPL-Caltech/STScI/CXC/UofA/ESA/AURA/JHU)

(NASA/JPL-Caltech/SAO)

Column

ノイズはノイズではない

何かの観測を行う時、知りたい対象からの欲しい信号ではなく、それ以外の発生源から混入する邪魔な情報を「ノイズ」と呼びます。たとえば、コンサート会場で演奏者の奏でる美しい音色を聴きたい信号とすると、周りの人のヒソヒソ声や衣擦れの音、思わず入り込んでしまった携帯電話の着信音はノイズになります。美しい音楽を録音したいと思うなら、ノイズが入らないようにマイクの置き方を工夫するとか、録音に混入したノイズを区別して除去するなどの努力が肝要です。

科学の測定においても、これと同様の努力がなされます。天文学者はさまざまな方法で、知りたい天体を高感度で観測できるようノイズを低減して、はるか宇宙の彼方にある未知の現象をよりよく理解しようとしています。

しかし、このノイズは単なる邪魔者とは限りません。効率的なノイズ除去のためにノイズそのものの理解を深める中で、新しい発見に繋がることもあります。また、ノイズ自体が、実は重要なシグナルだったというケースも、天文学や物理学の歴史の中では多く見られます。例えば、星雲や銀河のカタログとして有名なメシエカタログ⑮は、もともと作者が没頭していた彗星探査の〝ノイズ〟となる天体をあらかじめリストしたものでした。宇宙マイクロ波背景放射56も、最初はノイズと疑われました。アンテナに付着した鳩の糞を除去するなどの涙ぐましい努力の結果、宇宙からの重要なシグナルであるとの結論に行き着いたのです。また、大統一理論が予言する陽子崩壊の探査のために建設が始まったニュートリノ検出器⑨は、天体観測や素粒子研究にとってはノイズとなる大気ニュートリノの観測から、ニュートリノ振動という現象の発見に至りました。

狙っている現象を調べるにはノイズは邪魔な存在ですが、見方を変えればノイズは未知の自然現象を見つける宝の山なのかもしれません。何か理解できないな、違和感があるなと感じたデータを丹念に調べていくことは、宇宙を理解する上で大切な姿勢です。

第5章
激しく変動する宇宙

38 定常な宇宙像から激動の宇宙観へ

時間軸天文学の勃興

望遠鏡や人工衛星の進歩により精緻な天体観測が可能になると、古くから信じられてきた定常で静かな宇宙像から、激しく変動する動的な宇宙観へと、我々の認識も変遷してきました。磁気リコネクションによるエネルギー解放で輝く恒星フレア（21）や、コンパクト天体への質量降着に伴うアウトバースト（35）など、人類が知覚できる時間スケールでも星々の明るさは変化することが明らかになります。このような、時間的に急激な光度変化を見せる天体は「突発（トランジエント）天体」と呼ばれます。

突発天体を効率的に見つけるには、なるべく広い視野を監視し続けることが大切です。例えば、国際宇宙ステーション（ISS）の日本の実験棟「きぼう」に搭載された全天X線監視装置（MAXI、マキシ）は、宇宙の全方位をX線でくまなくスキャンすることにより、天の川銀河の中に潜む突発天体を数多く発見しました。

可視光やガンマ線、重力波などで発見される突発天体の中には、天体そのものの消滅や合体に伴うものも含まれます。それが本章の主役たち、超新星爆発や連星合体です。星が一生の最後に起こす超新星爆発は、1990年頃までは1年あたり数個から数十個の頻度でしか発見されませんでしたが、近年は高感度のイメージセンサや、超新星の探査に特化した望遠鏡の登場もあって、その発見頻度が急増しました。特に2010年以降には、毎年千個を超える超新星が確認されており、恒星の後期進化や爆発のメカニズムに関する理解が急速に深まっています。また最近は、遠方銀河の中心にある超大質量ブラックホールに星が飲み込まれる瞬間（潮汐破壊）の光も検出されるようになっています。

こうした天体由来の突発現象に着目した観測アプローチは「時間軸天文学（タイム・ドメイン・アストロノミー）」と呼ばれており、近年その重要性が日増しに高まっています。

要点BOX

- ●短時間で急激な光度変化を見せる突発天体
- ●突発天体の発見には広視野観測が重要
- ●近年は毎年千個以上の超新星が見つかる

突発(トランジェント)天体の例

起源天体	呼称	観測される突発現象
主系列星・原始星	フレア	磁気リコネクションに伴うエネルギー・物質解放
大質量星	重力崩壊型(II型)超新星	水素外層を持つ大質量星の重力崩壊
	Ib, Ic型超新星	水素外層を持たない大質量星の重力崩壊
	極超新星	通常の超新星より1桁エネルギーの高い爆発
	長いガンマ線バースト	大質量星の爆発によるジェットの生成。Ic型超新星に関連
白色矮星	新星	白色矮星の表面における爆発的核融合
	Ia型超新星	白色矮星全体の爆発的核融合
中性子星	X線バースト	磁場の弱い中性子星表面での爆発的な核融合
	マグネターのバースト	磁気エネルギー解放によるバーストやX線増光
	短いガンマ線バースト/キロノバ	連星中性子星の合体によるバースト現象と残光
中性子星(?)	高速電波バースト	宇宙論的距離の電波バースト。中性子星に関連?
恒星質量ブラックホール	X線アウトバースト	大量の降着物質による重力エネルギーの解放
	ブラックホール連星合体	ブラックホールの合体に伴う重力波の放出
超大質量ブラックホール	潮汐破壊現象	ブラックホールの潮汐力で星が破壊される現象
	(ガンマ線)アウトバースト	ジェット活動や質量降着率の急激な変化に伴う増光

MAXIが発見したブラックホール

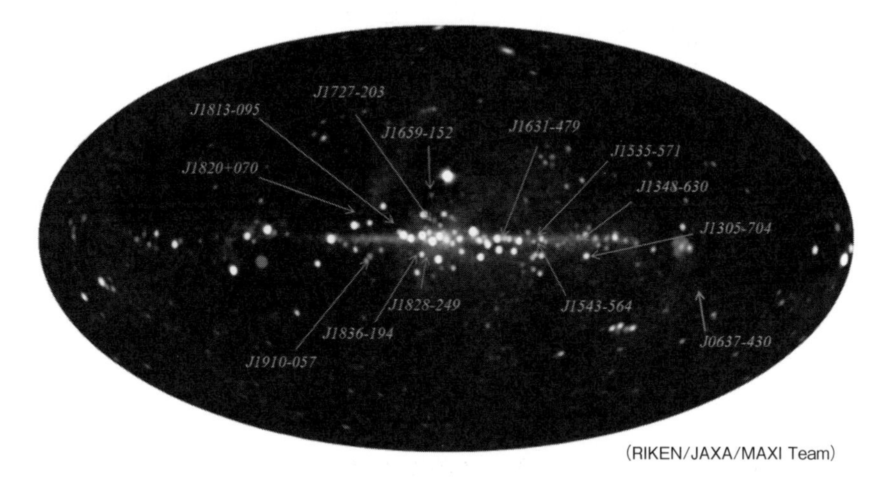

(RIKEN/JAXA/MAXI Team)

国際宇宙ステーションに搭載された全天X線監視装置 MAXI が、2009年から2020年に発見した13個のブラックホール連星。

39 大質量星の最期「重力崩壊型超新星」

鉄コアの光分解とニュートリノ

太陽より10倍以上重い恒星は、通常、進化の末期に赤色超巨星となり、星の中心部に鉄のコア（核）を作ります（25）。鉄は最も安定な元素なので、定常的な核融合はここでストップします。すると、星は外向きの圧力を作るためのエネルギー源を失うため、自己重力による収縮が加速します。収縮によって温度が上がると、鉄コアは光分解と呼ばれる吸熱反応を起こし、ヘリウムや中性子に分解します。大質量星が長い年月をかけて作りあげた原子核が、一瞬で壊されてしまうのです。

光分解が起きると、コアの圧力が急速に低下して激しい重力崩壊が始まります。コアの中心では大量の中性子とニュートリノが作られ、原始中性子星が誕生します。さらに外側から落ち込んでくる物質は原始中性子星の表面で跳ね返され（コアバウンス）、外向きに飛ばされます。これが重力崩壊型超新星の爆発メカニズムです。実際には、コアバウンスから星の爆発に至る間に、さらに複雑なプロセスが必要とされており、その解明は近年のシミュレーション天文学における重要な研究テーマのひとつになっています。

光分解を起こす直前の鉄コアの半径が約6000km（地球と同程度）だったのに対し、原始中性子星の半径は数10kmしかありません。したがって、重力崩壊の際には膨大な重力エネルギーが解放されます。総量にして、太陽が一生をかけて放出するエネルギーの100倍以上。そのうち約99%を、ニュートリノが持ち去ります。1987年2月23日に大マゼラン雲で観測されたSN1987Aは、重力崩壊型超新星の一種です。岐阜県の神岡鉱山に置かれた「カミオカンデ」は、この超新星爆発に伴うニュートリノを検出し、重力崩壊で発生した膨大なエネルギーを観測的に確認しました。この世紀の一大イベントは、ニュートリノ天文学の幕開けとしても、歴史にその名をとどめます（9）。

要点BOX

- ●太陽より10倍以上重い恒星の最期
- ●膨大な重力エネルギーを解放
- ●SN1987Aからニュートリノを観測

重力崩壊型超新星

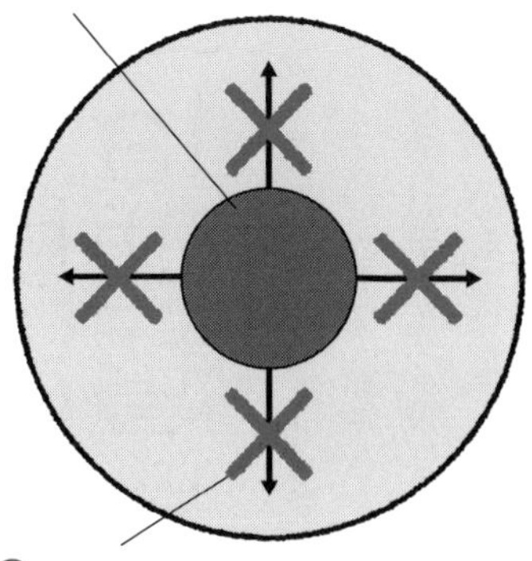
1 鉄のコアが作られると核融合が止まる
2 外向きの圧力が弱まる

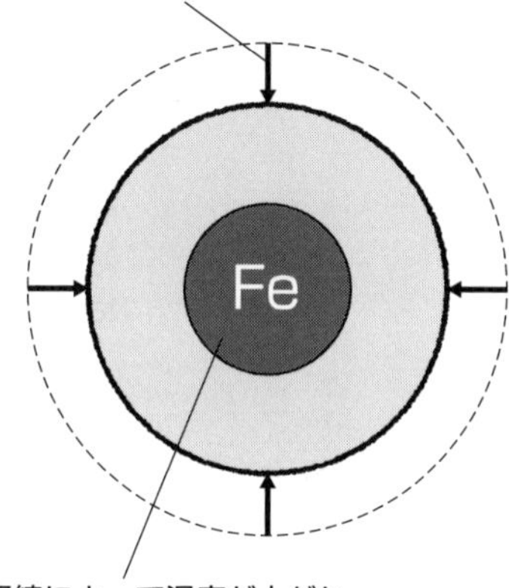
3 自己重力で収縮を始める
Fe
4 収縮によって温度が上がり鉄の光分解が起こる

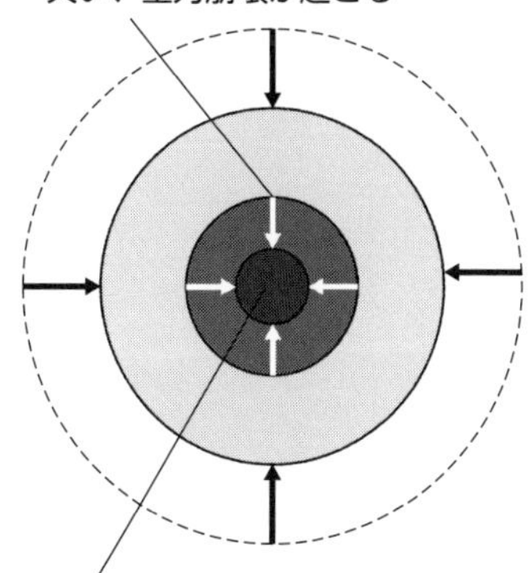
5 光分解によってコアが圧力を失い、重力崩壊が起こる
6 大量の中性子とニュートリノを生成。原始中性子星が生まれる

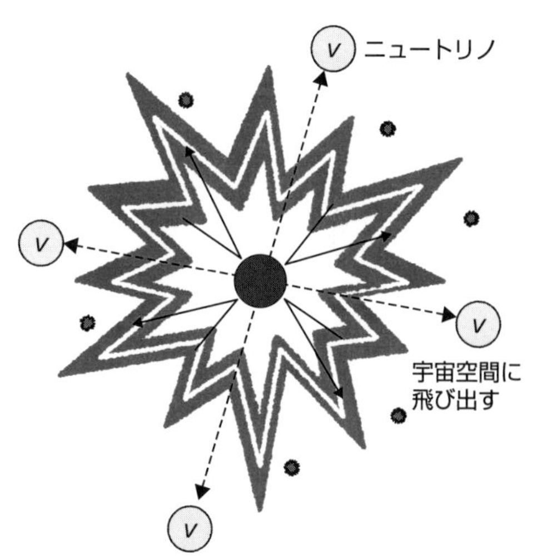
ν
ニュートリノ
ν
ν
宇宙空間に飛び出す
ν
7 落ち込んできた物質が原始中性子星の表面で跳ね返され、外向きに跳ばされ、超新星爆発が起こる

40 宇宙の巨大核融合爆弾「Ia型超新星」

白色矮星の爆発と鉄の生成

質量が太陽と同程度の恒星は、ヘリウム燃焼によって炭素と酸素のコアを作った段階で核融合が止まります（24）。その後、星の外層部が吹き飛ばされて、炭素・酸素コアがむき出しの白色矮星となります。元の恒星が単独星だった場合は、そのまま宇宙を漂うだけの存在になります。一方、元の恒星が連星系を成していた場合、白色矮星の第二の人生がスタートします。

相手の星（伴星）が通常の恒星であれば、その外層が白色矮星に吸い寄せられます。その結果、白色矮星の質量が徐々に増大します。条件に恵まれると、そのまま白色矮星の最大質量である「チャンドラセカール限界（30）」に近づきます。限界質量に近い白色矮星は、自己重力により強く収縮するため、星の中心付近は非常に高温・高密度になります。温度と密度がある臨界点を超えると、炭素の熱核反応が暴走をはじめ、そのエネルギーで白色矮星は爆発します。これが「Ia（いちえー）型超新星」です。白色矮星全体が一つの巨大な核融合爆弾のようにふるまいます。

一方、連星系を成す星が両方とも白色矮星になった場合は、重力波（10）を放射しながらお互いの距離を徐々に近づけていきます。最終的に両者が衝突する際に、やはり炭素の熱核反応が起こり、Ia型超新星になると考えられています。実は、白色矮星の爆発メカニズムは今でも完全には解明されておらず、様々な理論が提唱されています。

Ia型超新星には二つの重要な特徴があります。一つは、ケイ素やカルシウム、鉄などの重元素を多量に作ること。現在の宇宙に存在する鉄のうち半分以上はIa型超新星が起源とされています。そしてもう一つが、最大光度時の明るさが天体間でほぼ同じになることです。この性質により、Ia型超新星は宇宙の標準光源（14）として、遠方銀河の距離測定に利用されます（60）。

●連星系の白色矮星が起こす大爆発
●伴星のタイプが異なる2種類のシナリオ
●鉄を大量に作り、宇宙の標準光源となる

2種類の進化シナリオ

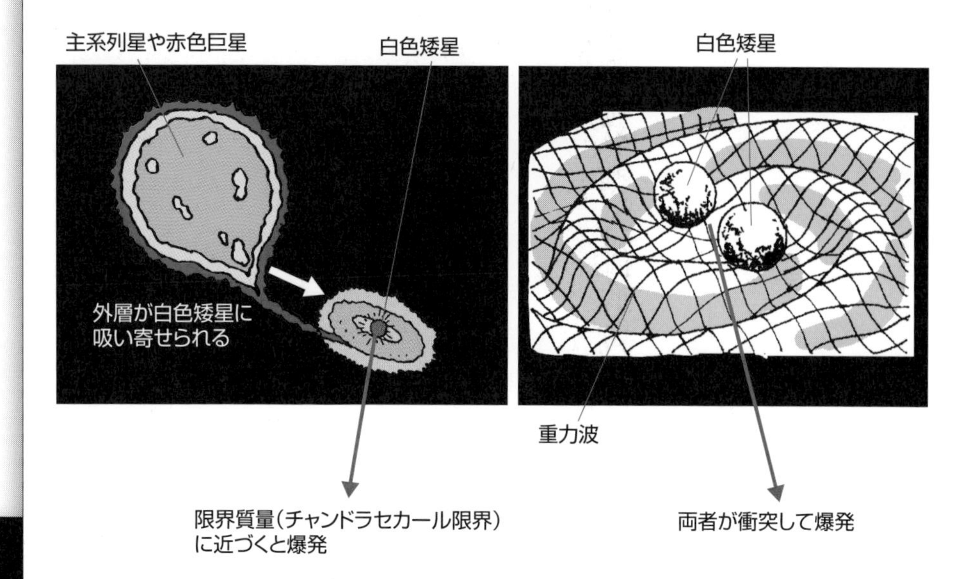

Ia型超新星の核反応プロセス

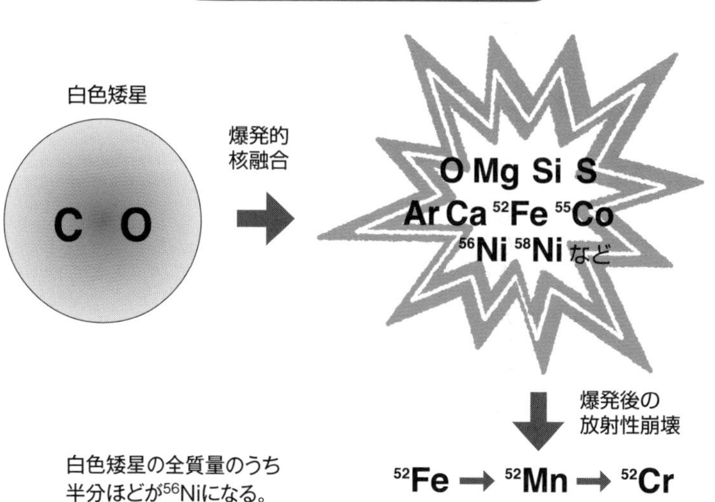

41 歴史に名を残す超新星と、その後の姿

宇宙の花火、超新星残骸

超新星は、爆発後しばらくの間、銀河1個分と同じぐらいの明るさで輝きます。そのため比較的近いところで起きると、肉眼でも確認できる明るさになります。距離16万光年の大マゼラン雲で爆発したSN1987Aは、相対的に暗い種族の超新星でしたが、それでも3等星と同じ明るさに達しました。

SN1987A以前に肉眼で観測された超新星は、それほど多くありません。理論上は、天の川銀河の中だけでも、30年に1回程度の頻度で超新星爆発が起きると考えられていますが、銀河ディスク上に分布する星間塵が妨げとなり、超新星からの光が地球まで届かないことが多いのです。それでも有史以来、いくつかの超新星爆発が肉眼で観測され、記録に残されています。比較的最近のものだと、ティコ・ブラーエと、その弟子（異説あり）ヨハネス・ケプラーが、それぞれ西暦1572年と1604年に観測した超新星が有名です。いずれも日本から観測できたはずですが、今のところ国内の記録は見つかっていません。

一方、西暦1006年と1054年に観測された2つの超新星は、平安～鎌倉時代の歌人・藤原定家が著した『明月記』から、当時の様子を読み取ることができます。1006年の超新星は、「おおかみ座の方角にあり火星のようだった」と記されています。中国の歴史書『宋史』には月の半分ほどの明るさに達したとされており、人類史上最も明るく見えた超新星だったと推定されています。1054年の超新星は、「おうし座の方角にあり木星のようだった」と記されています。この天体の現在の姿が、有名な「かに星雲」です。

これらは、いずれも超新星残骸として現在も観測可能です。ただし、その多くは可視光では暗く（かに星雲を除く）、主に電波やX線で観測されます。超新星残骸の形状や含まれる元素の種類から、元の星がどのように爆発したのかがわかります。超新星残骸は、時を超えて当時の様子を私たちに伝えるのです。

要点BOX

- ●超新星爆発の直後は可視光で観測される
- ●ティコやケプラー、藤原定家らが記録した超新星は、現在、超新星残骸として電波やX線で輝く

歴史に残る超新星の残骸

ティコの超新星（1572年）

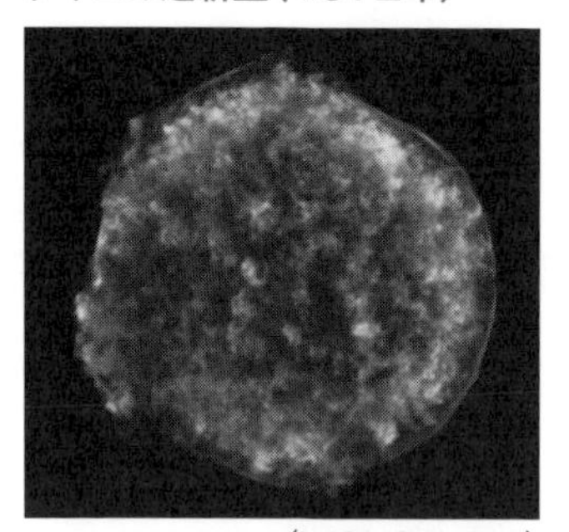

（NASA/CXC/SAO）

ケプラーの超新星（1604年）

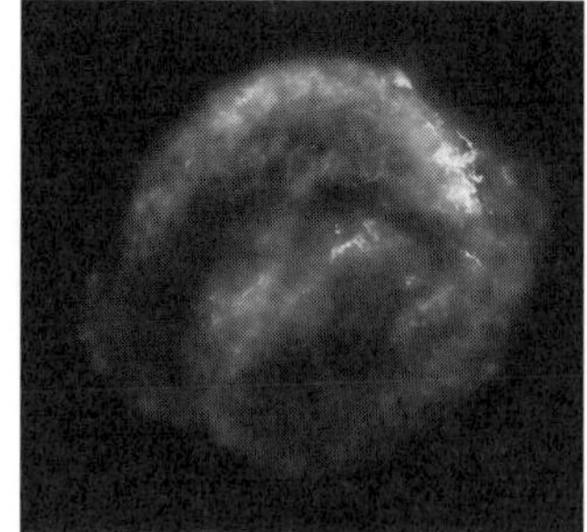

（NASA）

SN 1006（1006年）

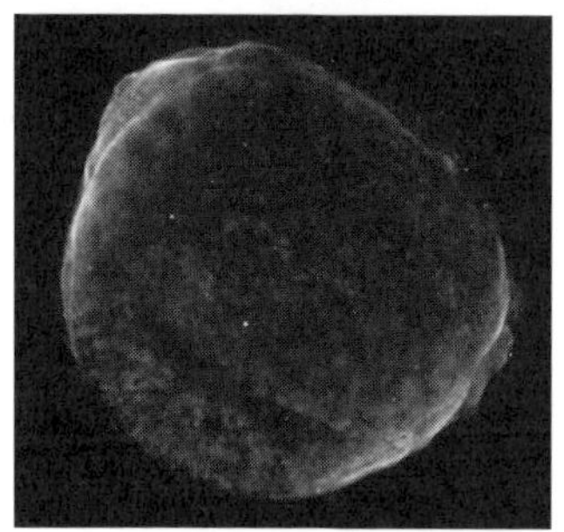

（NASA/CXC/Rutgers/J.Hughes）

かに星雲（1054年）

（X-ray: NASA/CXC/SAO; Optical: NASA/STScI; Infrared: NASA/JPL/Caltech; Radio: NSF/NRAO/VLA; Ultraviolet: ESA/XMM-Newton）

明月記に記された超新星爆発の記録

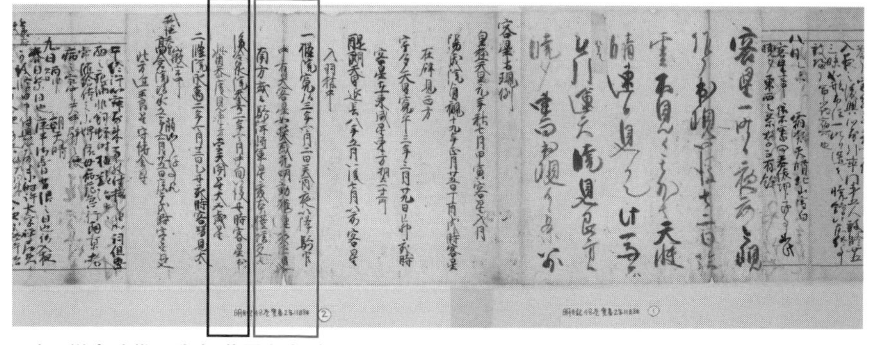

平安～鎌倉時代の歌人・藤原定家が取りまとめた、いにしえの超新星の記録。彗星や新星も含まれる。赤枠と黒枠の部分が、それぞれ1006年と1054年の超新星に関する記述。

（公益財団法人冷泉家時雨亭文庫所蔵）

42 宇宙最大の爆発現象「ガンマ線バースト」

継続時間の長いガンマ線バースト起源

米ソ冷戦のさなか偶然に発見されたガンマ線バースト(7)ですが、その起源は長らく謎に包まれていました。1991年にNASAが打ち上げたコンプトン・ガンマ線観測衛星は、ガンマ線バーストの発生源が全天に一様に分布することを明らかにしました。この事実は、ガンマ線バーストが天の川銀河の外で起きていることを示唆します(遠方起源説)。なぜなら、系内の現象であれば、その分布は銀河ディスク上に集中するはずだからです。しかし、本当に天の川の外、つまり遠方で起きる現象であれば、見かけの明るさから算出されるエネルギーの放出量が莫大となります。そのため、銀河系内起源説も根強く残りました。

また、ガンマ線バーストにも個性があり、放射が数十秒続く「長いガンマ線バースト」と、継続時間が2秒以下の「短いガンマ線バースト」の、少なくとも2種類に大別できることがわかりました。

イタリアの天文衛星「ベッポサックス」は、1997年2月28日に発生した長いガンマ線バーストから、X線帯域で輝く「残光現象(アフターグロー)」を発見します。残光現象は可視光や赤外線でも確認され、バーストの発生後、数日間続きました。残光の光度変化は、重力崩壊型超新星のそれとよく似ており、長いガンマ線バーストが大質量星の爆発に関連することが明らかになります。さらに、発生した銀河も特定され、赤方偏移の測定によって、光行距離にして約60億光年も彼方の天体であることが確認されました。遠方起源説が証明されたのです。

その後、ガンマ線バーストを検出すると自律的に発生源の方向に向きを変えるNASAのスウィフト衛星により、長いガンマ線バーストは、いずれも遠方で起こる、宇宙最大規模の爆発現象であることが明確になりました。詳細は諸説ありますが、通常の超新星よりも1桁エネルギーの高い、ジェット状の爆発(図)であることが有力視されています。

要点BOX
- ●ガンマ線バーストの発生源は長らく謎だった
- ●可視光の残光と母銀河が見つかり遠方起源と判明
- ●ジェットを伴う超新星爆発

ガンマ線バーストが飛んでくる方向

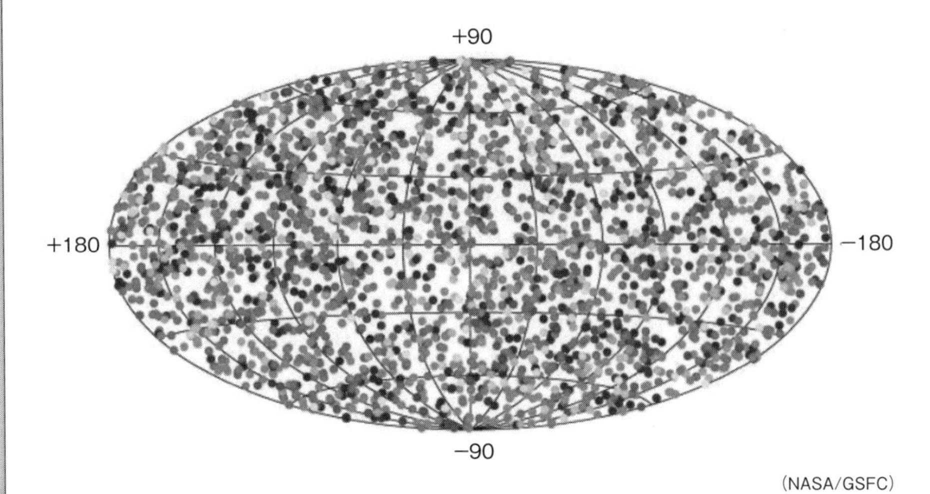

コンプトンガンマ線観測衛星が検出したガンマ線バーストの方向。
楕円の中央が天の川銀河中心、長軸が銀河ディスクに対応する。

長いガンマ線バーストの起源

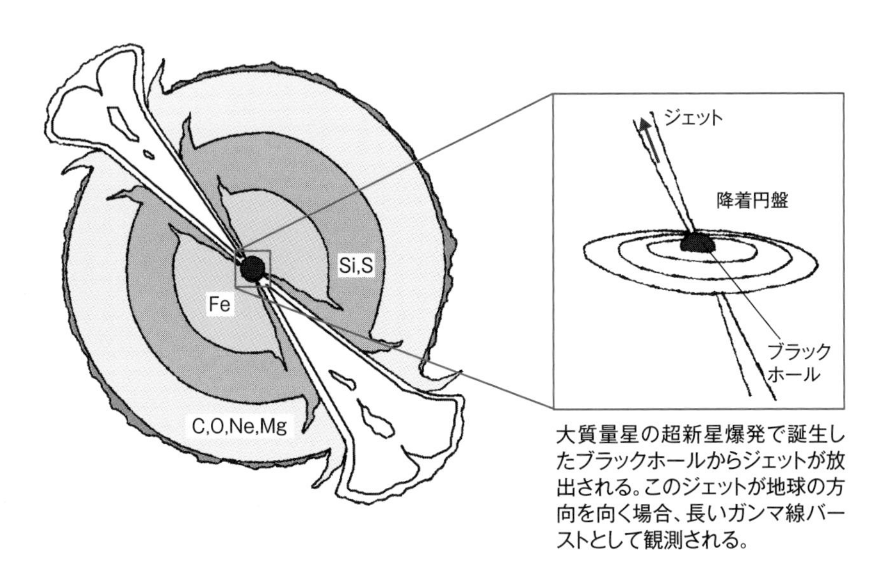

大質量星の超新星爆発で誕生したブラックホールからジェットが放出される。このジェットが地球の方向を向く場合、長いガンマ線バーストとして観測される。

43 ブラックホール合体からの時空のさざなみ

人類が初めて捉えた重力波

2015年9月14日、ブラックホールが合体する姿を人類は初めて目撃します。アメリカのレーザー干渉計重力波天文台LIGO（ライゴ）は、東西に約3000㎞も離れた2ヶ所の観測所で、0・1秒ほど続く同じ形の信号を記録しました。このイベントは、観測された日付を取って、GW150914と名付けられました。地球から13億光年の彼方で、連星をなす2つのブラックホールが合体し、より重たいブラックホールが誕生する際に放出された重力波でした。

重力波信号はブラックホール同士が近づくにつれて周波数が上がります。その波形は一般相対性理論の予言と見事に一致していました。波形解析の結果、太陽の36倍と29倍の質量をもつ2つのブラックホールが合体し、太陽の62倍の質量をもつ単独のブラックホールになったことが判明しました。合体前後で総質量が太陽3個分食い違うのは、その差に相当するエネルギーが重力波として放出されたことを意味します。

また、合体前の質量が、典型的な恒星質量ブラックホール（約10太陽質量）に比べて既に大きいことも特徴です。その起源として、恒星質量ブラックホール同士の合体が過去にも発生して質量を増大させた可能性や、宇宙初期に形成された超大質量星の残骸である可能性などが提案されています。

その後もLIGOや、イタリアのVirgo（ヴァーゴ）によって、多数の重力波イベントが報告されています。GW150914と同様、電磁波の観測では捉えることができなかったブラックホール合体のほか、連星中性子の合体（44）や、ブラックホールと中性子星の合体らしきイベントも報告されるようになりました。2020年には、日本の大型低温重力波望遠鏡KAGRA（かぐら）も世界の観測網に加わりました。複数の装置を組み合わせることで、信号検出の時間差から、重力波の重力波の発生方向をより正確に測定できます。

要点BOX

- 2015年に観測された重力波は、2つのブラックホールが合体する際に発生したもの
- 電磁波で観測できなかった現象を捉えられる

ブラックホールの合体で発生した重力波信号GW150914の波形

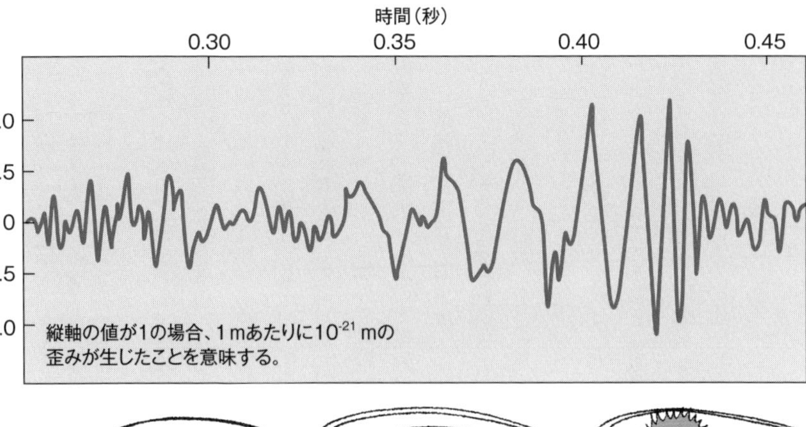

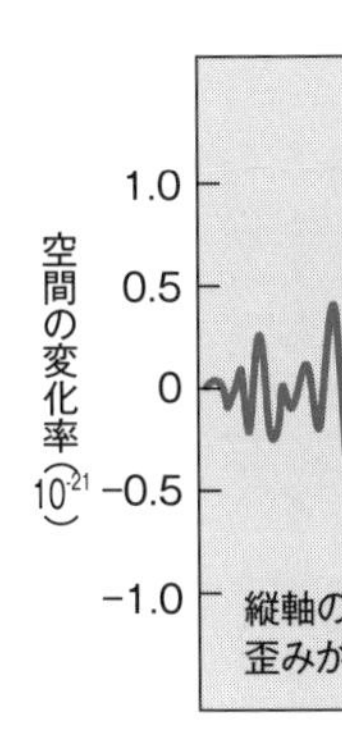

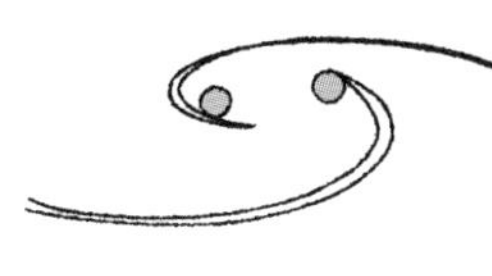

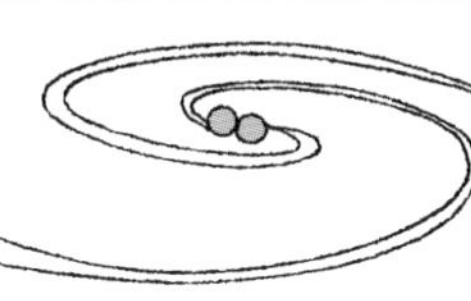

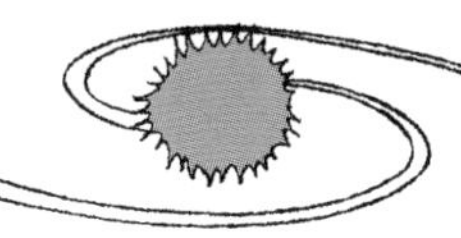

合体前と合体後のブラックホール質量

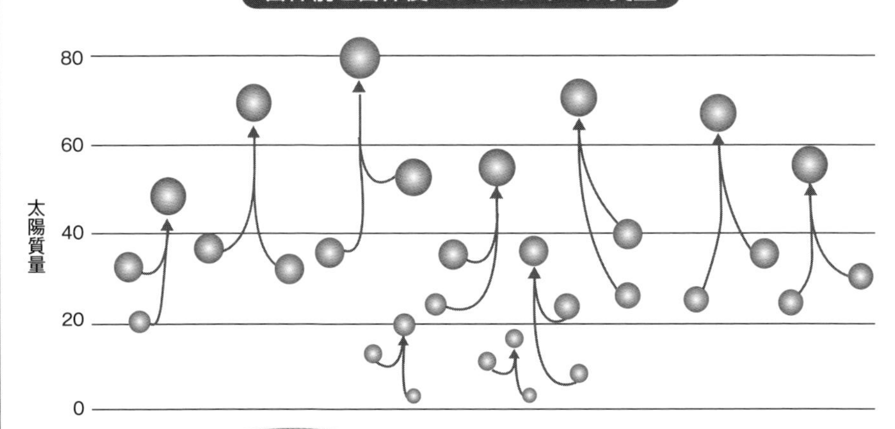

この図は
2017年までに検出された
ブラックホール連星の質量を
示します。2020年末の時点で、
約60もの重力波イベントが
検出されています

44 金を生み出す大爆発、中性子星の合体

短いガンマ線バーストとキロノバ

長いガンマ線バーストの起源は、大質量星の最期を飾る超新星爆発の瞬間であるとわかりました（42）。しかしその後も、短いガンマ線バーストの起源は依然として謎のままでした。天文学者はその有力候補として、2つの中性子星がお互いの周りを公転する「連星中性子星」を考えました。連星系は重力波放出によってエネルギーを失うので、中性子星同士の距離は徐々に縮まり、最後には合体します。この瞬間に、短いガンマ線バーストが発生すると期待されます。

この予想は、完全な形で証明されます。世界初の重力波検出（43）からわずか2年後の2017年8月17日、LIGOとVirgoは、2つの中性子星が合体した重力波の信号GW170817を捉えました。さらにその1・7秒後、フェルミ衛星やインテグラル衛星が、重力波と同じ方向から、短いガンマ線バーストGRB170817Aを検出します。世界中の天文学者が沸き立ちました。

この発見を受けて各波長による残光探索が全世界で行われました。その結果、1億3000万光年先の銀河NGC4993に可視光の対応天体が見つかります。それは、一般的な超新星と比べて1～2桁暗い「キロノバ」の特徴を示しました。キロノバは、中性子捕獲によって作られた重い原子核の放射性崩壊によって輝きます。崩壊後の原子核は、金やプラチナなどの希少な元素になります。実はこの結果も、天文学者の予言通りでした。中性子星合体は重力波源であり、短いガンマ線バーストであり、金の起源たるキロノバでもあるのです。同じ天体現象を異なる波長、あるいは電磁波以外の媒体（メッセンジャー）で見ていたため、様々な呼称が付けられていたに過ぎません。これらを統一するのが「マルチメッセンジャー天文学」であり、GW170817／GRB170817Aの発見は、その代表例と言えるでしょう。

要点BOX
- ●2017年、重力波と短いガンマ線バーストが検出され、中性子星合体であることが判明した
- ●中性子星合体は金やプラチナの起源

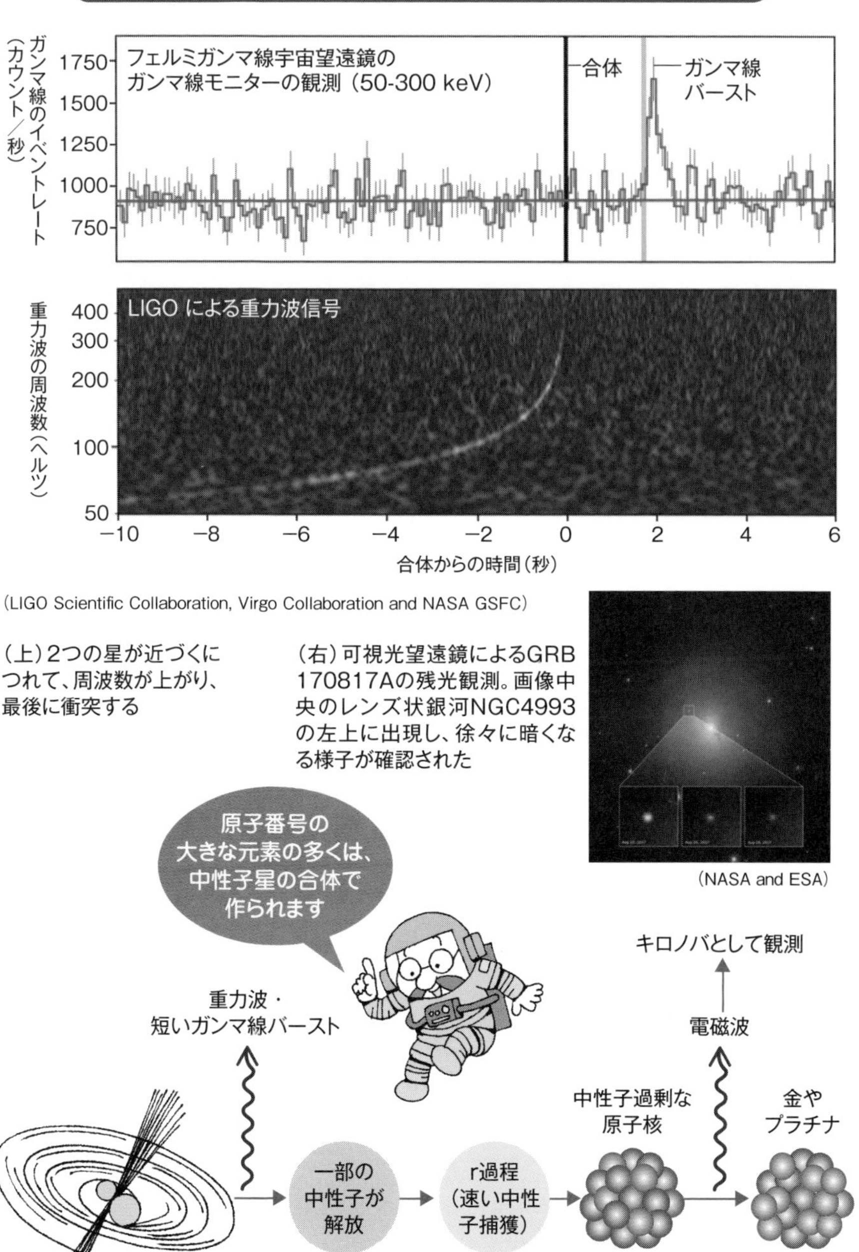

（LIGO Scientific Collaboration, Virgo Collaboration and NASA GSFC）

（上）2つの星が近づくにつれて、周波数が上がり、最後に衝突する

（右）可視光望遠鏡によるGRB 170817Aの残光観測。画像中央のレンズ状銀河NGC4993の左上に出現し、徐々に暗くなる様子が確認された

（NASA and ESA）

45 宇宙遠方からの謎の高速電波バースト

若く磁場の強い中性子星が起源か？

2001年8月24日、オーストラリアのパークス電波望遠鏡が、謎の電波バーストを検出しました。報告者の名前をとってロリマー・バーストと呼ばれたこのイベントは、長らく他に例のない謎の電波現象でしたが、ミリ秒しか続かない同様の電波信号が2013年にさらに4例報告され、高速電波バースト（Fast Radio Burst, FRB）と呼ばれるようになりました。

宇宙空間を旅する電波パルスは、星間空間にある自由電子の影響を受け、波長の長い電波ほど遅れて地球に届きます。パルスの時刻遅れは、電波信号が通過した空間に含まれる電子の総量「分散量度（ディスパージョンメジャー）」に比例します。宇宙空間にある電子の平均量がわかっているため、この遅れを測定することで、発生源までの大まかな距離を見積もれます。高速電波バーストは分散量度が大きいため、発生源は天の川銀河の外、数十億光年の距離と考えられました。また、電波望遠鏡の狭い視野の中で起きることを考えると、イベントの発生率が高く、1日に全天で数千個ほど起きるとも考えられています。

2016年には、くり返し高速電波バーストを起こす天体現象がアレシボ電波望遠鏡で発見されました。より大型の電波望遠鏡システムを使って、発生源の位置を正確に決めることができ、高速電波バーストがいる母銀河も特定されました。その距離は、24億光年という遠方であることもはっきりしてきました。くり返しをしない高速電波バーストもたくさん見つかりましたが、高速電波バーストは単一種族の発生源なのか、複数の現象が混ざっているのかはわかっていません。

2020年には、銀河系内にあるマグネター（磁場の強い中性子星）SGR1935+2154が、X線バーストと高速電波バーストを同時に起こす現象が、チャイム電波望遠鏡などで発見されました。そのため、若く磁場の強い中性子星が起こす突発現象が、高速電波バーストの起源だという説が有力になっています。

要点BOX
- ●宇宙遠方の謎の高速電波バーストが見つかった
- ●イベント発生率が高く、くり返し起こることもある
- ●若く磁場の強い中性子星が起こすという説が有力

高速電波バーストの到来時刻の周波数依存性

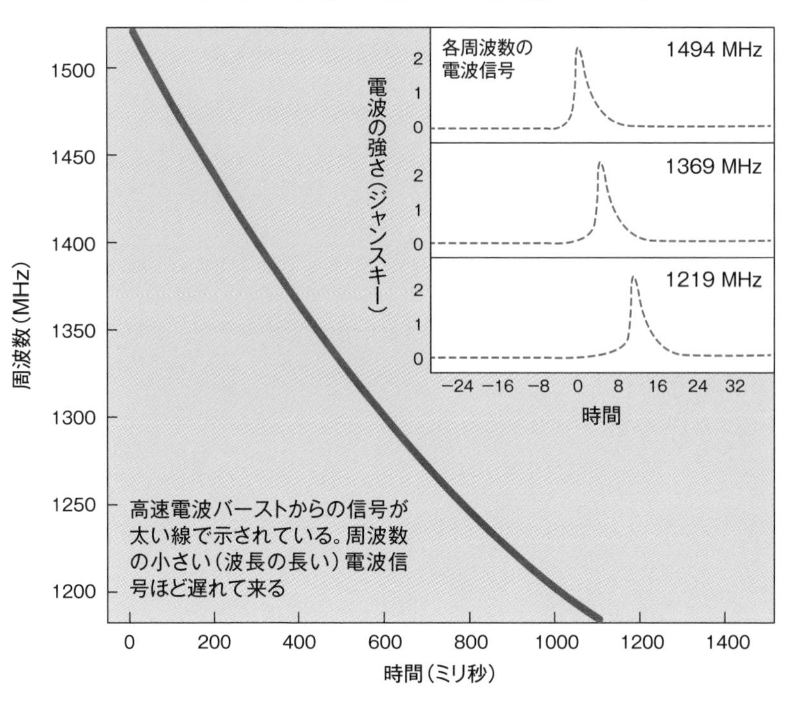

高速電波バーストの起源の候補と観測する望遠鏡

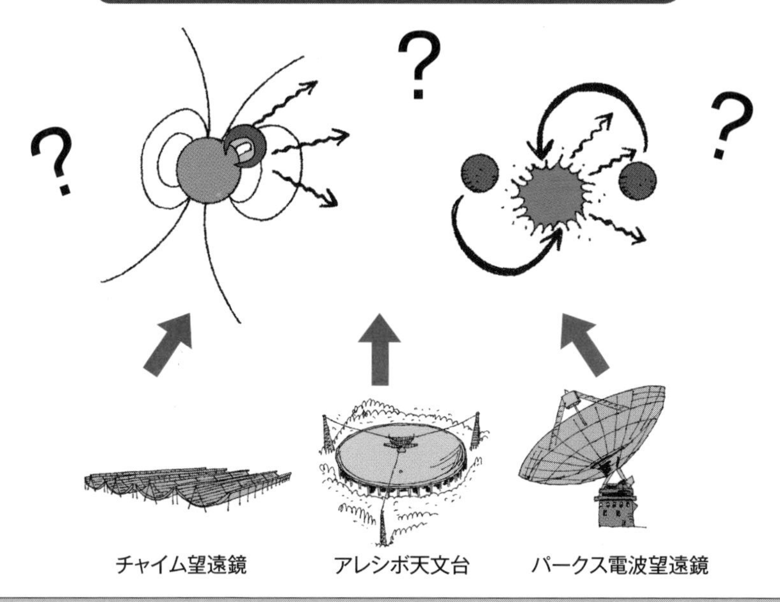

Column

天文学データは人類の財産

天文観測は個人や研究グループの単位で行いますが、その観測で得られた成果やデータは、人類共通の知識として蓄積、共有され、積極的に活用されます。

観測データを解析して得られた成果は論文にまとめられ、科学者間の査読と呼ばれる妥当性の検証を経た後、専門の科学雑誌から出版されます。この出版論文は、専用のデータベースに蓄積され、誰でも検索できる仕組みになっています。最近では、論文だけではなく、観測データそのものや開発されたソフトウェアも世界に公開されています。このようなアーカイブに公開されたデータは、観測を行ったグループの研究者に限らず誰でも解析・再検証できます。したがって、天文学は原理的に捏造事件が起こりにくい分野と言えます。

「時間軸天文学」を支える、即時性の高い情報の共有もあります。偶然に見つかった新天体や、サーベイ観測で効率的に見つけられるようになった突発現象は、多くの場合、徐々に減光していき、やがて見えなくなってしまいます。暗くなる前に、感度がよい大型の望遠鏡で観測し、その正体を明らかにしなくてはなりません。天文学者は、こういった新現象を発見すると「アストロノマーズ・テレグラム(The Astronomer's Telegram)」や「GCN(Gamma-ray Coordinates Network)サーキュラー」と呼ばれる、速報システムに通報します。

突発天体の観測は、人類が見たことがない現象に遭遇できるまたとないチャンスです。世界中の天文学者は、この速報をもとに、追跡観測を行います。最近では、人の手を介さずに観測装置同士で直接に情報を共有しようとする取り組みも進められています。たとえば、国際宇宙ステーション(ISS)に搭載される全天X線監視装置MAXIが突発天体を発見すると、同じくISS上のX線望遠鏡NICER(ないさー)が自動追尾するシステムを作る計画も進んでいます。

第 6 章

銀河と銀河団

46 天の川銀河の〝発見〟と構造

近さゆえに見えづらい銀河の全体像

夜空に広がる天の川が「銀河」という星の集まりであり、私たちが暮らす地球や太陽もその一員であることは、今では当たり前のように知られています。しかしこの事実が人々に受け入れられたのは、20世紀に入ってからでした。1910年頃、変光星を用いた距離測定法（14）が確立すると、それを利用して宇宙の3次元地図が描かれるようになりました。ハーロー・シャプレーは、古い恒星の集まりである球状星団が「いて座」の方向に偏在し、その南北に対称な分布を示すことを見出しました。この発見により、「いて座」の方向に天の川の中心があること、つまり、太陽系が宇宙の中心ではないことが人々に認識されます。これは、かつて人類が天動説を脱却し、地動説を受け入れるに至った経緯ともよく似ています。

天の川は私たちに最も近い銀河ながら、外から観測できないために最も全容の把握が難しい銀河でもあります。特に、天の川の中心より向こう側は、星からの光が濃い塵に妨げられるため見通すことができません。それでも、これまでに積み上げられた恒星や星間物質（48）の観測から、かなり詳細なところまで、その構造が明らかになっています。

天の川は、アンドロメダ銀河（M31）とよく似た渦巻き構造を持つディスク（円盤）の他、バルジ、ハローと呼ばれる3つの成分で構成されます（図）。ディスクには若い星や、星の元となる低温ガスが、バルジやハローには球状星団を構成する古い星が、それぞれ多く分布します。また、ディスクは差し渡し約10万光年に広がり、少なくとも4本の大きな腕（若い星が密集する領域）と、いくつかの小さな腕を持ちます。太陽系は、小さな腕の一つである「オリオン腕」の内部、天の川の中心から約2万6千光年の距離に位置します。天の川の中心には、太陽の400万倍の質量を持つ「いて座A*ブラックホール」が居座ります（36、50）。

要点BOX

- ●天の川銀河の中心は「いて座」の方向にある
- ●ディスクは若い星が密集する複数の腕を持つ
- ●バルジとハローには古い星が多い

天の川銀河の構造

銀河系正面図

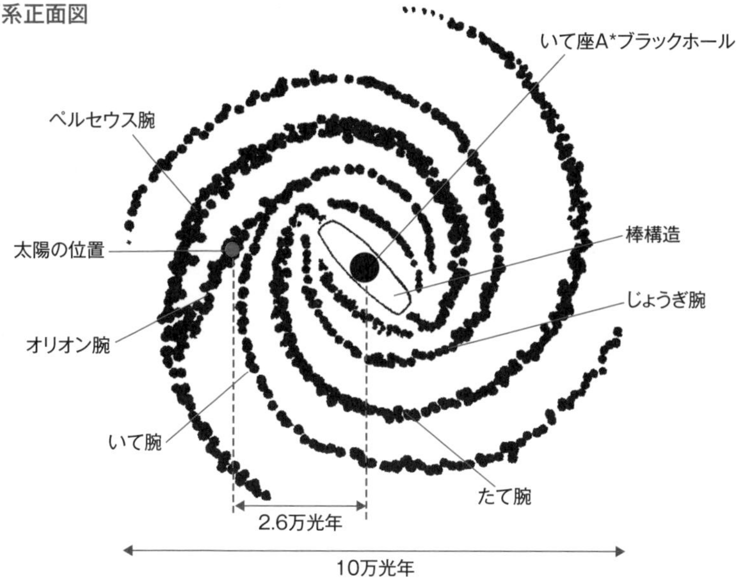

いて座A*ブラックホール
ペルセウス腕
棒構造
太陽の位置
じょうぎ腕
オリオン腕
いて腕
たて腕
2.6万光年
10万光年

銀河系側面図

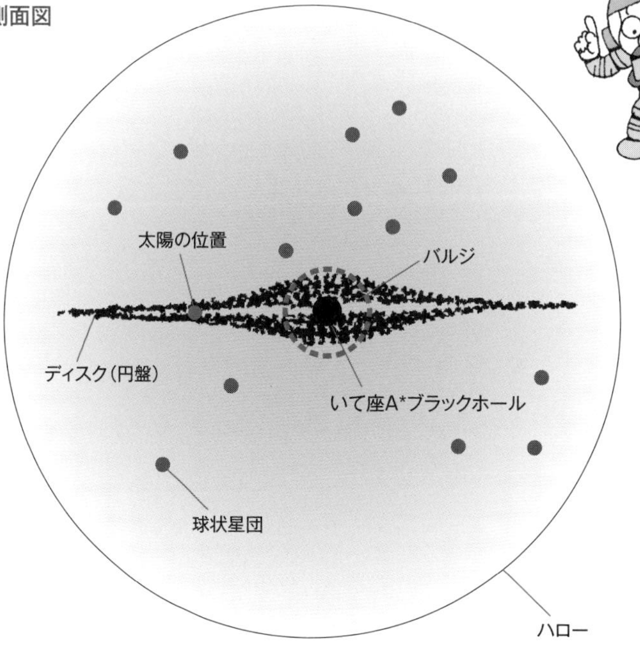

太陽の位置
バルジ
ディスク（円盤）
いて座A*ブラックホール
球状星団
ハロー

47 様々な種族の銀河たち

ハッブルの音叉図と銀河の進化

M31が天の川の外にある独立した銀河であることを実証したエドウィン・ハッブル⑮は、その後、銀河の形態分類に取り組みます。彼はM31のような「渦巻銀河」の他に、バルジ部分に棒状の構造が加わった「棒渦巻銀河」、腕構造を持たない「レンズ状銀河」、内部構造がなくのっぺりと広がった「楕円銀河」を定義し、観測された銀河を分類していきました。なお、天の川は棒渦巻銀河です。

これらの形態分類を体系的に説明しようと試みたのが、「ハッブルの音叉図」です。彼は、全ての銀河は楕円銀河として生まれ、やがてバルジが発生し、腕が伸びてくると考えました。そのため、左の図で下にあるものほど「早期型」、上にあるものほど「晩期型」と呼ばれます。実は、正しい進化の向きはハッブルの考えとは真逆で、渦巻銀河の方が若く、楕円銀河の方が古いことが、後の研究からわかっています。しかし、楕円・レンズ状銀河を早期型、渦巻・棒渦巻銀河を晩期型とする当初の呼び方は、今でも慣習的に使われ続けています。天文学には、このような「歴史的経緯に引きずられた不思議な呼称」が他にもたくさん残されています。

渦巻銀河には、B型星などの若い星や、星の元となる冷たい水素ガスが多く含まれます。特に腕の部分は今でも星生成が活発なため、青白い大質量星が多数見られます。一方、楕円銀河には古い赤色巨星が多く、冷たい水素ガスもほとんどありません。星生成を行わない、枯れた銀河であることがわかります。

星の運動状態も、銀河の形態によって異なります。渦巻銀河では多くの星がディスク上を整然と回転するのに対し、楕円銀河では星の運動方向はランダムです。渦巻・棒渦巻銀河が楕円銀河へと進化する詳細なプロセスはいまだ解明されていませんが、銀河同士の衝突・合体や重力相互作用がその鍵を握ると考えられています。

要点BOX
- ●渦巻銀河や楕円銀河など様々な形態がある
- ●ハッブルは音叉図で銀河の進化過程を説明した
- ●実際の進化方向はハッブルの考えと真逆だった

ハッブルの音叉図と銀河の特徴

（NASA, JPL-Caltech）

渦巻銀河の特徴

- 青い
- 若い星が多い
- 星間ガスや塵が多い
- 星は規則的な回転運動
- 銀河団の辺境部に多い、
  あるいは、銀河団に付随しない
  （例：天の川銀河）

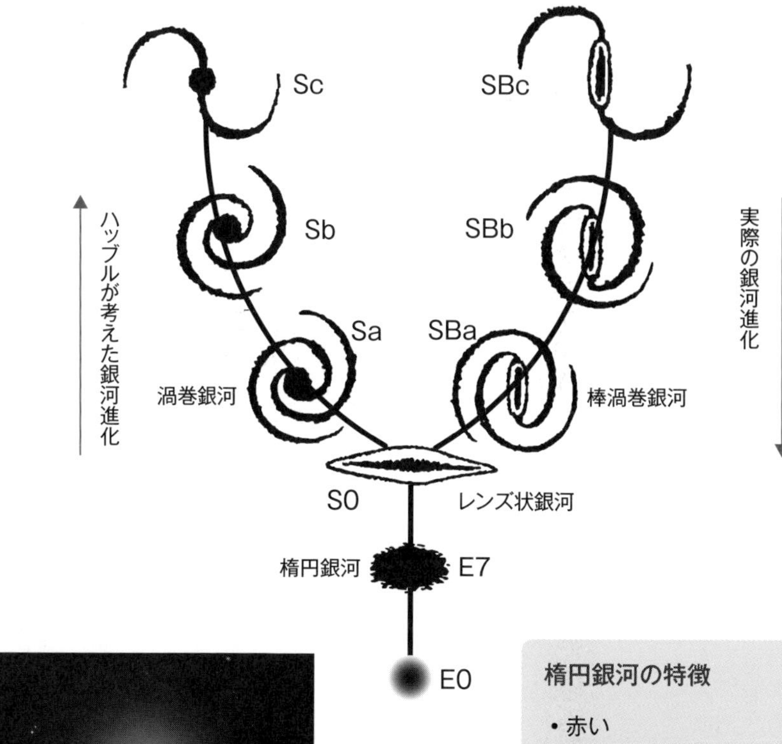

（ESA/Hubble & NASA）

楕円銀河の特徴

- 赤い
- 古い星が多い
- 星間ガスや塵が少ない
- 星はランダム運動
- 銀河団の中心付近に多い
  （例：M87）

48 銀河を構成する星間物質

様々な顔を持つ水素ガス

天の川など若い銀河のディスクは、恒星の他に多量のガスを伴います。こうしたガスは、星と星の間を満たすことから「星間物質」と呼ばれます。星間物質の研究は、1951年に天の川のディスク領域から21㎝輝線（電波）が発見されたことで花開き、その後大きく発展しました。

星間物質の主成分は水素です。水素は地球上では分子（H_2やH_2O）として存在しますが、密度の低い宇宙空間では単一原子になります。これを「HI（エイチワン）ガス」と呼びます。21㎝輝線はこのHIガスが放つ電波で、天文学においてとりわけ重要な役割を持ちます。

21㎝輝線の放射は、水素原子が陽子と電子から成り、それぞれが「スピン」という量子力学的な物理量を持つために起こります。スピンが陽子と電子の間で同じ向き（平行）場合と逆向き（反平行）の場合で原子全体のエネルギーがわずかに異なり、そのエネルギー差を光の波長に換算すると21㎝となります。したがって、スピンの向きが入れ替わる際に、この波長の電波が放射されることとなり、その強さを測ることで、観測方向にある水素原子の量がわかるのです。

星間物質が凝縮すると、水素は地球上と同様に分子になります。凝縮した分子ガスの塊を「分子雲」と呼びます。分子雲はさらに収縮することで高密度のコアを形成し、やがてその中で原始星（27）が生まれます。分子雲の主成分である水素分子（H_2）は、水素原子と異なりほとんど電磁波を出しません。そこで水素と一緒に存在する一酸化炭素（CO）分子からの電波を観測することで、水素分子の総量を推定します。

一方、水素原子は恒星からの電磁波（主に紫外線）に晒されることで、陽子と電子が解離した電離気体になります。これを「HII（エイチツー）ガス」と呼びます。強い紫外線源である大質量星の周辺では、大規模なHII領域が観測されます。

●星間物質の「HIガス」が21cm輝線を放射
●21cm輝線の強さで水素原子の量がわかる
●大質量星の周辺には「HII領域」ができる

21cm電波輝線

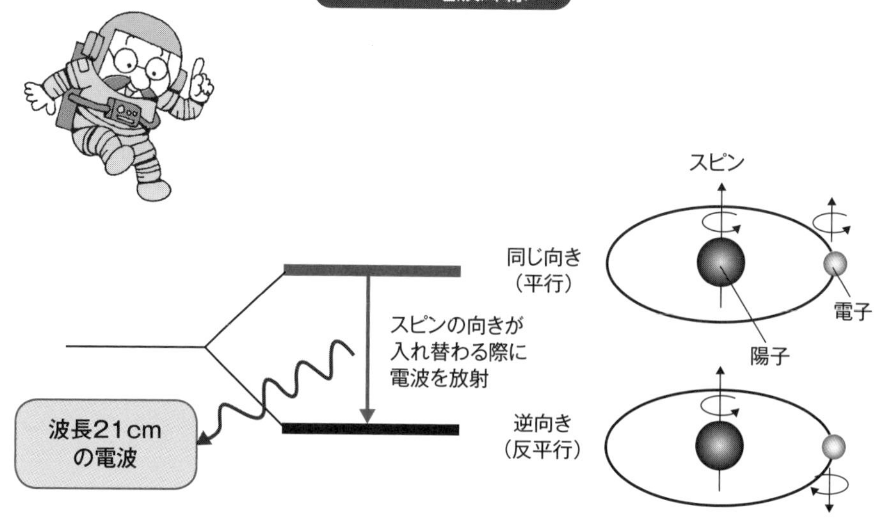

スピンとは、粒子が持つ量子力学的な角運動量です。粒子の「自転」に例えられることが多く、陽子や電子などのフェルミ粒子ではスピン上向き（角運動量1/2）と下向き（角運動量-1/2）の2種類しか取りません。陽子と電子のスピンが同じ向き（平行）の水素原子は、逆向き（反平行）の水素原子と比べてわずかにエネルギーが高いため、平行から反平行に入れ替わる際に、両者のエネルギー差に相当する波長21 cmの電波が放射されます。

紫外線による水素の電離

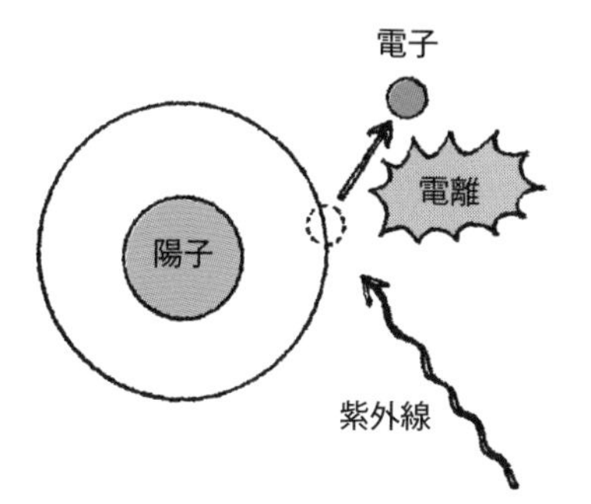

水素原子は91.2 nmよりも波長の短い（エネルギーの高い）光を受けると、光電効果（2）によって電離します。

O型星や
B型星

タランチュラ星雲（HII領域）

（TRAPPIST/E. Jehin/ESO）

49 銀河の回転とダークマター

見えない「何か」に支配される星と星間物質の運動

水素原子が放つ21cm輝線は、その強さからHIガスの量がわかるだけでなく、輝線のドップラーシフトからガスの運動速度も測れます。また、可視光と異なり星間塵による減光を受けにくいことも特徴です。これまでの観測で、太陽近傍の星や星間物質が、約220km／sの速度、すなわち1周あたり約2億年をかけて「いて座A*ブラックホール」を中心に公転していることがわかっています。

HIガスの観測は、天の川以外の銀河（系外銀河）の回転計測にも有効です。系外銀河が回転している事実は、可視光による恒星の分光観測によって20世紀初頭から知られていましたが、HIガスは銀河ディスク上の恒星よりもはるかに大きく広がっているため、銀河外縁部の回転の様子を詳しく調べることができます。特に1970年代以降、電波干渉計（5）による高分解観測が可能になったことで、様々な銀河の回転曲線が高い精度で測られるようになりました。

その結果は非常に不思議なものでした。理論的には、万有引力と遠心力の釣り合いから、回転速度vと公転半径rの間には、$v=\sqrt{GM/r}$という関係が成り立ちます。Gは万有引力定数、Mはその半径より内側にある全物質の質量です。観測される星とガスの合計質量をMに代入すると、銀河の外側ほど回転速度が小さくなることが予想されます。しかし実際には、銀河中心付近を除いて回転曲線はほぼ平坦だったのです（図）。これは、天の川を含めてどの銀河にも共通の性質であり「銀河の回転曲線問題」と呼ばれます。

観測された回転曲線は、星やガスの他にも、電磁波を発さない何らかの物質があり、その質量分布が銀河ディスクよりもさらに大きく広がっていなければ説明がつきません。この正体不明の物質は「ダークマター」と呼ばれます。ダークマターは銀河のハロー全域に分布し、その総質量は銀河に属する星を全て足し合わせた質量の10倍にも達すると考えられています。

要点BOX

●21cm電波輝線で銀河の回転計測が可能
●銀河の回転速度が外縁部に向かって小さくならない事実はダークマターの存在を示唆

銀河の回転曲線問題

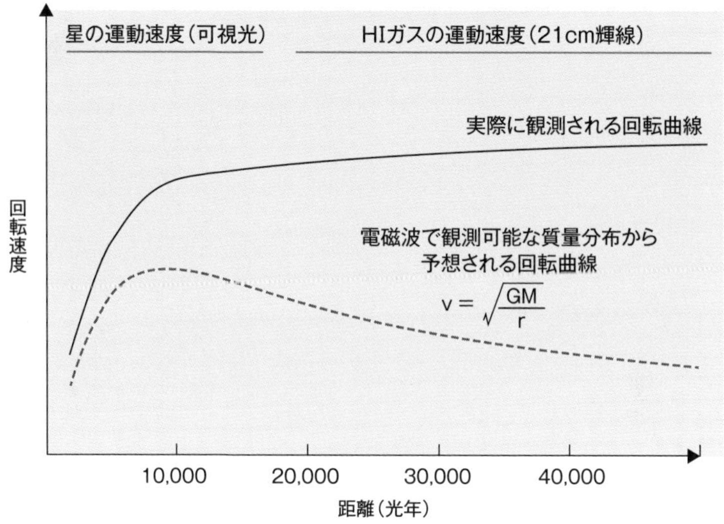

星の運動速度（可視光）

HIガスの運動速度（21cm輝線）

実際に観測される回転曲線

回転速度

電磁波で観測可能な質量分布から
予想される回転曲線

$$v = \sqrt{\frac{GM}{r}}$$

10,000　20,000　30,000　40,000

距離（光年）

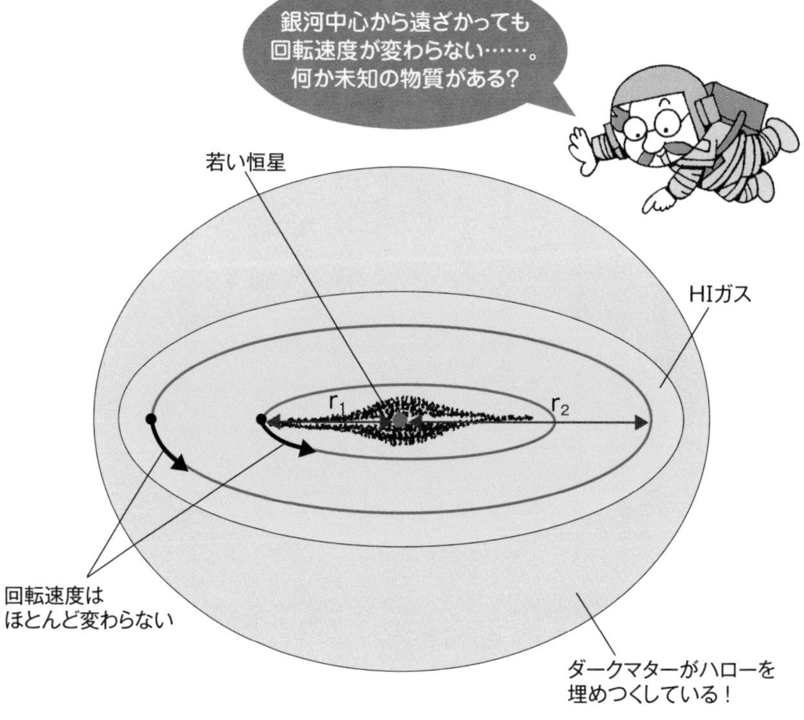

銀河中心から遠ざかっても
回転速度が変わらない……。
何か未知の物質がある？

若い恒星

HIガス

r_1　r_2

回転速度は
ほとんど変わらない

ダークマターがハローを
埋めつくしている！

50 フェルミバブルが伝える天の川銀河の過去

昔は激しかった天の川銀河の中心核

2010年、アメリカのフェルミガンマ線宇宙望遠鏡は、天の川銀河中心から双極状に広がる巨大な泡状構造を発見しました（図）。発見した望遠鏡にちなんで「フェルミバブル」と呼ばれます。フェルミバブルは、約1000万年前に「いて座A*ブラックホール」の周辺で起こった大爆発の痕跡であり、差し渡し5万光年にも及びます。この発見は、天文学者たちを驚かせました。なぜなら、現在の天の川銀河中心は目立った活動を見せておらず、フェルミバブルが持つエネルギーの供給源には到底なり得ないからです。

一方、天の川の外に目を向けると、銀河によっては様々な活動を示します。例えば、中心の超大質量ブラックホールから吹き出す高速ジェット（51）や、その周辺で起こる爆発的な星生成（52）などが観測されます。こうした銀河中心核活動は、全ての銀河で見られるわけではありません。その理由は、活動を支える「燃料」の有無にあると考えられています。燃料となるのは、中心核周辺の星間物質（48）です。多量の物質が銀河中心核に落ち込むことで、ジェットや星生成が活性化されるのです（51、52）。言い換えると、現在は静穏な銀河核も、落ち込む物質が増えれば息を吹き返します。あるいは過去には物質が多く、高い活動性を示したかもしれません。

フェルミバブルは、天の川の中心も「休火山型」の中心核であることを示唆します。実は、「いて座A*ブラックホール」が過去に高い活動性を示した証拠は、フェルミバブルの発見以前からいくつか指摘されています。その一つが「X線反射星雲」です（図）。このX線は、「いて座A*ブラックホール」から放たれた光が、周囲数百光年に分布する分子雲を照らす際に生じるものです。その明るさから逆算すると、数百年前の「いて座A*ブラックホール」は、現在の百万倍以上の明るさで輝いていたことがわかります。フェルミバブルやX線反射星雲は、天の川銀河の激動の歴史を私たちに伝えるのです。

- ●天の川銀河中心から双極状に広がる巨大構造
- ●過去に起こった大爆発の痕跡
- ●いて座A*ブラックホールはかつて活発に活動

フェルミバブル

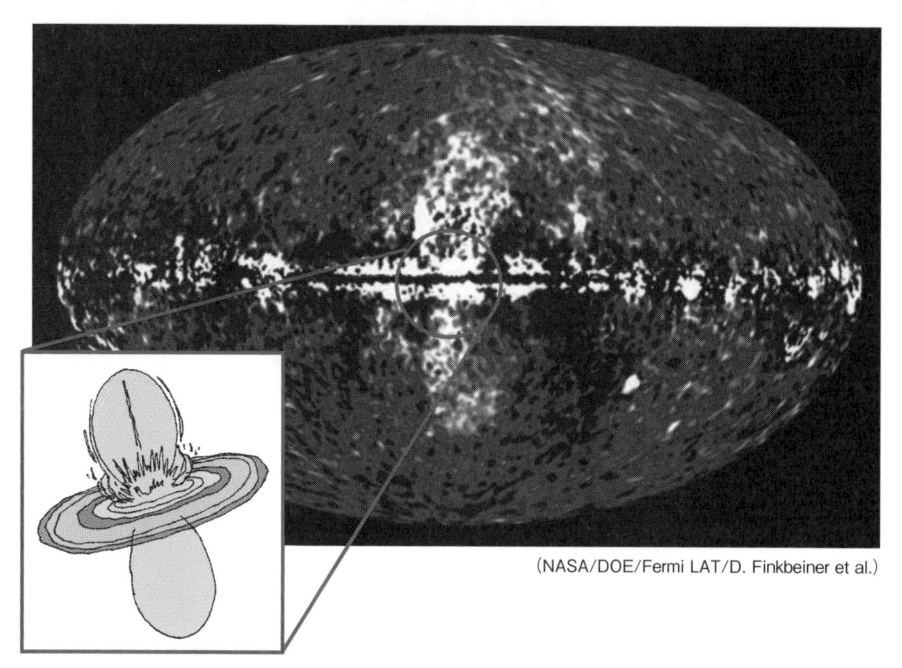

(NASA/DOE/Fermi LAT/D. Finkbeiner et al.)

フェルミガンマ線宇宙望遠鏡によるガンマ線全天画像。楕円の中央が天の川銀河の中心、長軸が銀河面に対応する。銀河中心から双極状に広がるバブル構造が発見された。なお、2020年にはX線観測装置eROSITAによって、フェルミバブルよりもさらに大きく広がる高温プラズマの存在が確認された。

天の川銀河中心のX線反射星雲

(信川正順氏(奈良教育大学)提供)

X線天文衛星「すざく」による銀河中心領域の観測。明るい領域は分子雲の一部であり、数百年前に銀河中心ブラックホールから放たれたX線に照らされて輝いている。フェルミバブル同様、天の川中心の活動性が以前は高かったことを示す。

51 活動銀河核とクェーサー

銀河全体の100倍の明るさで輝く銀河核

活動性の高い銀河の中には、中心核ブラックホール周辺からの電磁波放射が、銀河に含まれる全ての星からの放射強度を上回るものがあります。そのような銀河の中心核を「活動銀河核」と呼びます。また、活動銀河核を持ち、強い輝線スペクトルを示す銀河は、発見者の名前にちなんで「セイファート銀河」と呼ばれます。

中心核ブラックホールは強い重力を持つため、星間物質を吸い寄せ、周囲に降着円盤を形成します。降着円盤は重力エネルギーを解放して高温となり、強い電磁波を放射します。周囲のガスは、これに照らされて電離します。中心核はジェットを吹き出すこともあり、特徴的な電波構造として観測されます。

活動銀河核の中でも特に明るいものは「クェーサー」と呼ばれます。クェーサーは中心核の明るさが銀河全体の100倍にも及ぶため、よほど性能の良い望遠鏡を使わない限り、中心核の明るさに遮られて銀河全体が見えません。クェーサーという呼称もこの事実に基づいており、「(空間構造のない)星のような」という意味の〝quasi-stellar〟が略されてquasarとなったようです。

クェーサーはその明るさゆえに、遠方のものでも検出できます。1963年に初めてクェーサーとして確認された3C273は、24・4億光年もの距離にあることが明らかになりました。見かけの明るさから推定される実際の明るさは、太陽の4兆倍にも達します。

2020年現在で確認されている最も遠いクェーサーはULAS J1342+0928という天体で、その光行距離は何と131億光年。つまり、私たちは宇宙誕生からたったの7億年後に放たれた光を見ていることになります。クェーサーは、それ自体が面白い天体現象であるだけでなく、誕生直後の宇宙を照らす光源としての側面もあり、宇宙進化の研究においても重要な役割を持ちます。

要点BOX
- ●降着円盤は高温で強い電磁波を放射する
- ●クェーサーとは活動銀河核のうち特に明るいもの
- ●クェーサーは宇宙進化の研究にも利用される

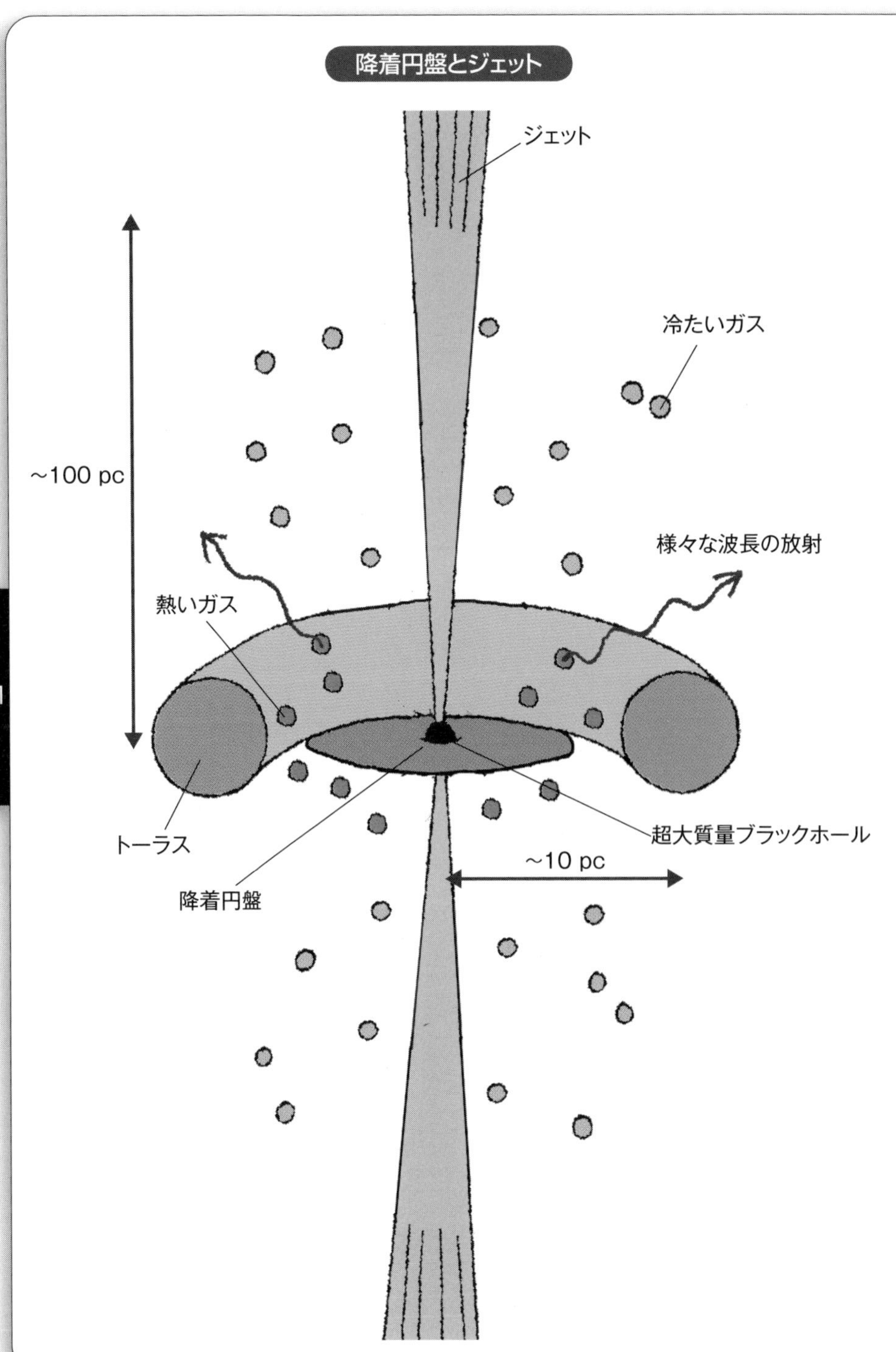
降着円盤とジェット
ジェット
冷たいガス
~100 pc
様々な波長の放射
熱いガス
超大質量ブラックホール
トーラス
~10 pc
降着円盤

52 銀河の活動がもたらす星のベビーブーム

スターバースト銀河

アルメニアの天文学者ベンジャミン・マルカリアンは、1960年代に紫外線で活動銀河核の大規模探査を行いました。彼はこの探査で1500個ほどの天体を発見しましたが、その中で一番多かったのは、意外にも活動銀河核ではなく、「スターバースト銀河」と呼ばれる種族の天体でした。

スターバーストとは、爆発的な星生成を意味します。天の川など通常の渦巻銀河では、銀河全体で年に数個から10個程度の星が生まれるのに対し、スターバースト銀河では、一年あたりに数百個から数千個の星が生まれます。星生成の直後には、寿命の短い大質量星が豊富に存在します。大質量星は強烈な紫外線源であり、周囲に巨大な電離水素（HII）領域を形成します（48）。そのため、マルカリアンによる紫外線探査でスターバースト銀河が大量に発見されたのです。

スターバースト銀河の代表例が、おおぐま座のM82です。中心核から双極状に、大量のHIIガスが吹き出す様子が捉えられています（図）。さらにその先には、1千万度近い高温のプラズマが中心核から4万光年も離れたところまで広がっており、大質量星からの噴出物を多量に含むことも明らかにされています。双極状構造の大きさは天の川銀河のフェルミバブル（50）と同じくらいですが、天の川とは異なり、M82では今現在も活発な星生成が継続しています。

こうした「星のベビーブーム」を作り出すには、星の元となる冷たい分子ガスが銀河中心核付近に豊富に存在しなければなりません。しかし、そのような状況を作り出すのは簡単ではなく、銀河全体に対して強い外力が与えられる必要があります。実は、M82の近くには別の渦巻銀河M81があり、お互いの距離は15万光年しか離れていません。過去に両者はさらに近接して重力を及ぼし合い、その影響によって、銀河ディスク上の分子ガスが中心核に向けて一気に流れ込み、星生成を誘発したのではないかと考えられています。

要点BOX
- ●一年あたり数百〜数千個の星が作られるスターバースト銀河
- ●銀河同士の合体や重力相互作用が星生成を誘発

スターバースト銀河M82

（NASA, ESA and the Hubble Heritage Team（STScI/AURA））

銀河の中心核で生まれ、その後爆発した多数の大質量星からの噴出物が、銀河ディスクの垂直方向に双極状に吹き出している。この双極構造の差し渡しは約4万光年にも及ぶ。

（GALEX Team, Caltech, NASA）

2つの銀河は
ほとんど同じ距離にある。
つまり両者は物理的に近接していて、
重力を及ぼし合っている。
この相互作用が
「星のベビーブーム」を誘発すると
考えられている。

53 宇宙の大家族「銀河団」とダークマター

銀河を閉じ込め、時空をも歪める巨大な重力

2章で述べたように宇宙は階層構造を持っており、銀河の多くが「銀河団」と呼ばれる大家族に属します。銀河団1つあたりに数百から数千個のメンバー銀河が含まれ、中心部に向かうほど楕円銀河が多い傾向があります。楕円銀河は中小質量星が多く色が赤いため、銀河団はよく、赤い銀河の集まりとして視認されます。

銀河団を構成するメンバー銀河は、たまたま近くに集まっているわけではありません。49に登場したダークマターが作る、一つの大きな重力場の中に捉えられています。平均規模の銀河団では、ダークマターの質量は太陽の百兆倍を超え、銀河団全体の8割から9割を占めます。さらに、残り1～2割の大部分を次項で述べる高温ガスが担い、メンバー銀河の合計質量は銀河団の全質量の2～3%にとどまります。つまり、元々「銀河の集まり」として定義された銀河団にとって、メンバー銀河は「氷山の一角」に過ぎないのです。

ダークマターは未だ正体がわかりません。しかし、その質量分布は様々な方法で推定されています。そのうちの一つが、「重力レンズ効果」を用いる方法です。アインシュタインが提唱した一般相対性理論によると、強い重力場は周囲の時空を歪め、そこを通過する光の進行方向を変えます。この効果のため、銀河団の向こう側にある天体（銀河やクェーサー）の像は、円弧状に引き伸ばされるか、複数に分かれて観測されます。その形状から、ダークマターの質量分布を推定できるのです。

なお、重力レンズの効率は、銀河団が背景天体と観測者のちょうど中間にあるときに最大となります。そのため近傍の銀河団では、重力レンズ効果の検出が難しくなります（ただし、観測例はあります）。近年は望遠鏡の感度向上によって、遠方の銀河団が多数発見されており、重力レンズ効果を用いたダークマターの質量推定は、ますます重要度を増しています。

要点BOX
- ●ダークマターは銀河団の8～9割の質量を占める
- ●重力レンズ効果で歪められた像の形によって、ダークマターの質量分布を推定

銀河団の質量配分

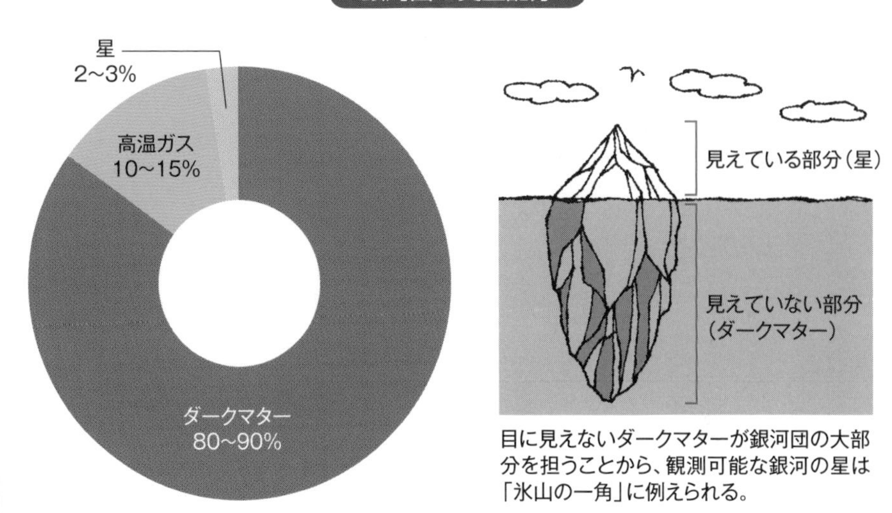

目に見えないダークマターが銀河団の大部分を担うことから、観測可能な銀河の星は「氷山の一角」に例えられる。

重力レンズ効果

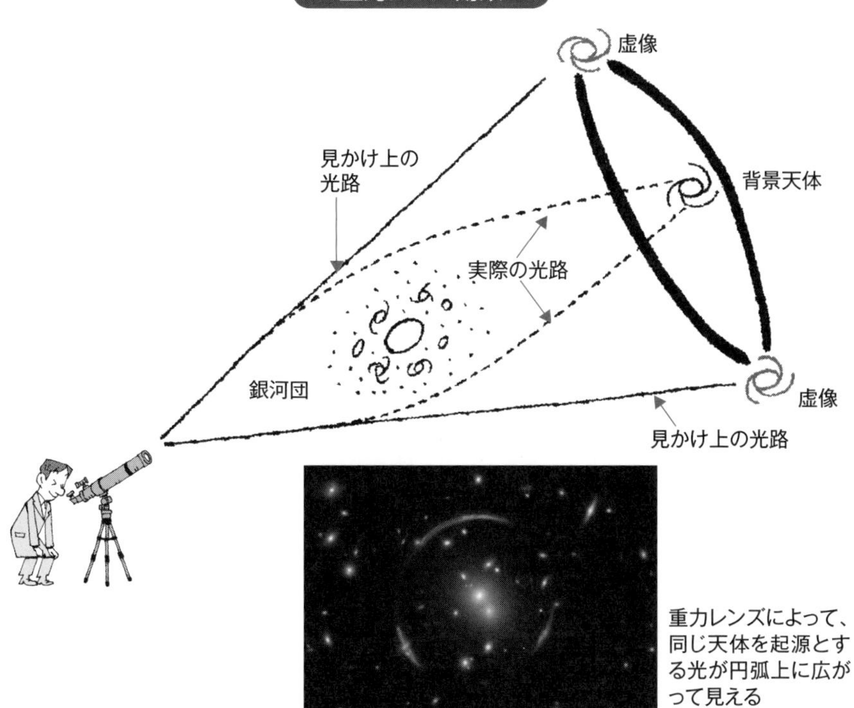

重力レンズによって、同じ天体を起源とする光が円弧上に広がって見える

（NASA/DOE/Fermi LAT/D. Finkbeiner et al.）

54 銀河団を満たす高温プラズマ

銀河を浮かべる灼熱の火の海

1978年にNASAが打ち上げたアインシュタイン衛星は、銀河団全体をすっぽりと覆い尽くす、強いX線放射を検出しました。その放射は銀河団中心で最も明るく、メンバー銀河からの放射が目立たないほど滑らかに広がったものでした。

X線は、数千万度の高温プラズマ（電離した気体）から放射されます。銀河団で観測されたプラズマの質量を計算すると、メンバー銀河の合計質量を5～10倍も上回っていました。このことから、銀河団プラズマは灼熱の火の海に、個々の銀河は海に浮かぶ小さな島々に、それぞれ例えられることがあります。

では、これほど高温のプラズマはどのようにして作られるのでしょうか。実はこれにもダークマターが深く関わっています。ダークマターは、その巨大な重力をもって、周囲の銀河やガスをどんどん引き寄せます。引き寄せられたガスは、降着と衝撃波加熱を通じて、莫大な熱エネルギーを獲得します。そのため、元々冷たかったガスが、銀河団に辿り着く頃には数千万度にまで温められるのです。このような、重力解放に起因する熱エネルギーの獲得現象は、恒星の内部やブラックホール周辺の降着円盤など、重力が支配する宇宙において普遍的に見られます。

銀河団プラズマを構成するのは、宇宙創世時に作られた水素やヘリウムと、過去の超新星爆発によって供給された重元素（酸素や鉄など）です。重元素の組成を測ることで、これまでにどんなタイプの超新星が、銀河団のどのあたりで何回爆発したのかがわかります。

銀河団の中心にはたいてい巨大な楕円銀河があり、そのまた中心には活動銀河核が居座ります。活動銀河核は頻繁にジェットを吹き出し、銀河団プラズマをかき混ぜます。このプロセスは「活動銀河核のフィードバック」と呼ばれ、放射冷却で冷えようとする銀河団中心領域のプラズマを絶えず再加熱し、熱的な平衡状態を維持する機能を果たすと考えられています。

●プラズマの総質量はメンバー銀河の5倍以上
●ダークマターがガスを引き寄せ、加熱する
●活動銀河核が絶えずプラズマを再加熱する

X線と可視光で見る銀河団

X線

(NASA/CXC/Caltech/A.Newman et al/Tel Aviv/A.Morandi & M.Limousin)

可視光

(NASA/STScI, ESO/VLT, SDSS)

銀河団エイベル383のX線画像(左)と可視光画像(右)。X線では銀河間空間を満たす数千万度のプラズマが、可視光では個々のメンバー銀河が見える。

銀河団の形成とプラズマの加熱

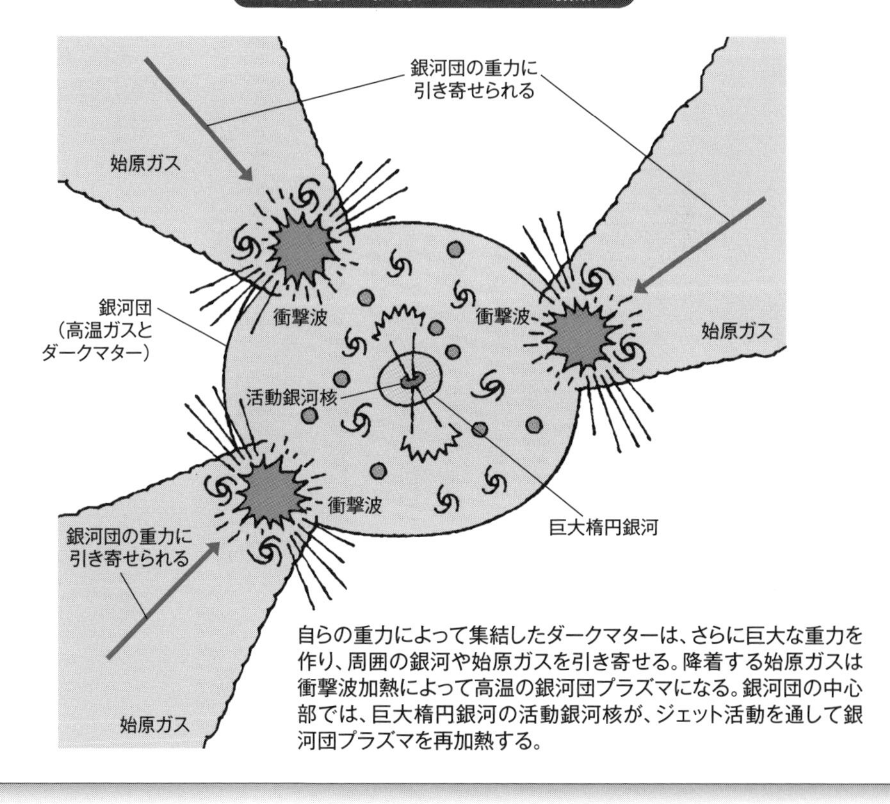

自らの重力によって集結したダークマターは、さらに巨大な重力を作り、周囲の銀河や始原ガスを引き寄せる。降着する始原ガスは衝撃波加熱によって高温の銀河団プラズマになる。銀河団の中心部では、巨大楕円銀河の活動銀河核が、ジェット活動を通して銀河団プラズマを再加熱する。

55 誕生直後の宇宙の記憶をとどめる大規模構造

「宇宙のクモの巣」から物質集積の歴史を探る

53、54に登場した銀河団は、力学平衡に達した天体としては宇宙最大の構造です。ただし、さらに上位にも、力学的に緩く結びつく天体の階層があり、それらは「宇宙の大規模構造」と呼ばれます。天の川銀河を包含する「おとめ座超銀河団（16）」は、最も身近な大規模構造です。さらに視野を広げ、100Mpcを超えるスケールで宇宙を観ると、「フィラメント」と「ボイド」が作る〝コズミック・ウェブ〟（宇宙のクモの巣）が現れます（図）。フィラメントが交わる「節」の部分が、各銀河団に相当します。

超銀河団やフィラメントなどの大規模構造は、どのような過程で形成されたのでしょうか。今から138億年前、生まれた直後の宇宙は、星も銀河もない、極めて均一度の高い空間でした。しかし、ほんの少しだけダークマターの密度ゆらぎ（ムラ）がありました。密度が高い部分は相対的に重力が強いので、周囲の物質を引き寄せます。その結果、ゆらぎのコントラストは時間が経つにつれてどんどん大きくなります。こうした物質集積によって作られたのが、宇宙の大規模構造です。

大規模構造は未だ力学的な平衡状態に達しておらず、宇宙初期の記憶を保持しています。言い換えると、大規模構造を詳しく調べることで、今日の宇宙の元となった原始密度ゆらぎや、ダークマターの性質に関する手がかりが得られます。例えば、これまでに「熱いダークマター説」と「冷たいダークマター説」が提唱されました（図）。前者ではニュートリノなどの高速で飛び回る粒子が、後者では比較的重くて遅い粒子が、それぞれダークマターの候補です。しかし、前者の説では現在の宇宙の構造を説明できないことから、冷たいダークマター説が強く支持されています。宇宙最大の構造から、宇宙最小の素粒子の性質に迫れるなんて、とても面白いと思いませんか？

要点BOX
- ●銀河団の上位にある宇宙の大規模構造
- ●宇宙誕生直後の密度ゆらぎが大規模構造を形成
- ●宇宙初期の状態やダークマターの解明に役立つ

コズミック・ウェブ

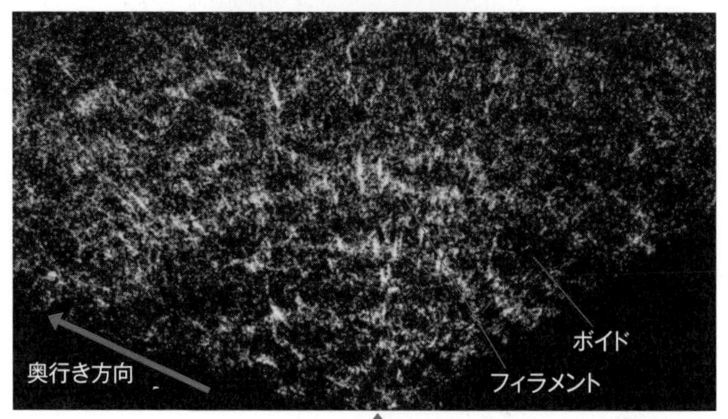

（Mitaka: ©2005-2020 加藤恒彦, ARC and SDSS, 国立天文台4次元デジタル宇宙プロジェクト）

天の川銀河（観測者）の位置

上：スローン･デジタルスカイサーベイ（SDSS）が明らかにした宇宙の大規模構造（銀河の密度分布）。銀河が不均一なフィラメント状に分布する様子がわかる。密度の低い空洞部をボイドと呼ぶ。国立天文台提供のソフトウェア Mitaka を用いて作成。

下：宇宙の大規模構造形成の数値シミュレーション。左側が誕生直後の宇宙、右側が最近の宇宙の密度構造を示す。時間とともに物質の集積が進む様子がわかる。

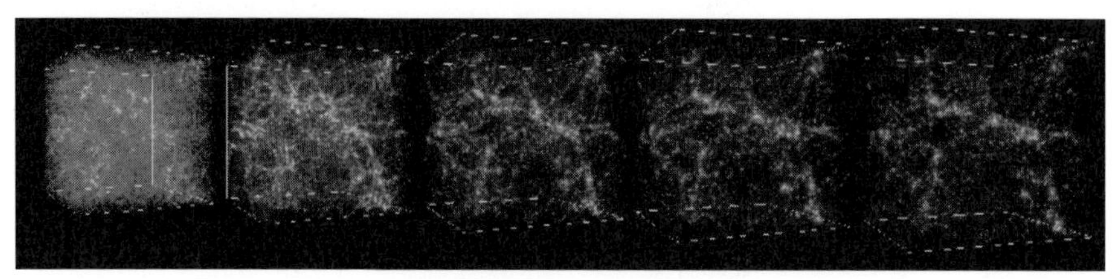

（National Center for Supercomputer Applications by Andrey Kravtsov (The University of Chicago) and Anatoly Klypin (New Mexico State University). Visualizations by Andrey Kravtsov.）

熱いダークマター説と冷たいダークマター説

	熱いダークマター説	冷たいダークマター説
ダークマター粒子の候補	ニュートリノなど	アクシオンなど
粒子の運動速度	光速に近い	100 km/s程度
予想される構造形成	銀河団など大スケールの構造が先にできる（トップダウン型）	星団など小スケールの構造が先にできる（ボトムアップ型）

観測と合わない　　**観測とよく合う**

Column

オープンサイエンスの新しい潮流

天文学は専門の天文学者が行うもの、と考えていませんか？夜空はすべての人の頭上にひらかれているので、超新星や小惑星、彗星の発見には、多くのアマチュア天文家の貢献が古くからありました。さらに21世紀になると、天文画像などのデータがデジタル化され、ウェブ空間を通じて観測データにアクセスできるようになったため、天文学に興味のある市民が、自ら天体観測を行わなくても、天文学研究に参加できるプロジェクトが現れました。

たとえば、ギャラクシー・ズー（Galaxy Zoo）と呼ばれるプロジェクトでは、ハッブル宇宙望遠鏡や、スローン・デジタル・スカイサーベイ計画で撮影された銀河の画像をウェブ上で分類することで、誰でも銀河天文学に貢献できます。こういった専門の科学者ではない市民が参加できる科学研究をシチズンサイエンスとよび、近年のオンライン空間の充実をうけて、クラウドソーシングの形をとったシチズンサイエンスが盛んに行われるようになりました。このようなオンラインでの市民参加型の科学プロジェクトが集まったポータルサイト「ズーニバース（Zooniverse）」には、天文学だけではなく、人文社会科学や生物学な様々な研究プロジェクトが現れ、多くの査読論文も生み出されるようになっています。

科学の成果や活動そのものを専門家に閉じず、広く市民社会にオープンにしていこうという試みを、オープンサイエンスと呼びます。狭義のオープンサイエンスは、科学成果として得られた論文や資料、データに誰でもアクセスできるようにすることを意味する場合が多いのですが、これからは、科学研究そのものに興味のあるシチズンサイエンティストが参加することまで含めて、オープンサイエンスと呼ばれるようになっていくでしょう。

筆者の榎戸は、雷や雷雲から出てくる謎のガンマ線をシチズンサイエンスで解き明かすプロジェクトを金沢で進め、大気物理学のオープンサイエンスを開拓しています。

第 7 章

宇宙の始まりと終わり

56 ビッグバンの痕跡、宇宙マイクロ波背景放射

元始、宇宙は火の玉であった

1964年、アメリカ・ベル研究所のアーノ・ペンジアスとロバート・ウィルソンは、あらゆる方向から届く謎のマイクロ波を発見しました。彼らは元々物理学の研究者で、アンテナのノイズを落とす仕事をしていました。ところが、ある波長帯のノイズだけがどうしても消えません。最終的に二人が行き着いたのが、それは「ノイズ」などではなく宇宙からの「シグナル」である、という結論でした。宇宙マイクロ波背景放射（CMB）の発見です。この成果に基づき、2人は1978年のノーベル物理学賞を受賞しました。

CMBの発見から遡ること約20年、実はこうしたシグナルが検出される可能性は、理論物理学者のジョージ・ガモフによって予言されていました。彼が考えたのはこうです。「宇宙が膨張⑰しているのであれば、有限の過去にはその体積が極小だったはずである。そのようなサイズにまで宇宙を圧縮すると、超高温・超高密度となる。つまり宇宙は灼熱の火の玉から始まり、膨張により冷えて今の姿になったのだ」と。ビッグバン仮説です。

この奇抜なアイデアはすぐには受け入れられませんでしたが、CMBの発見によって状況は一転しました。CMBは、予言通りの火の玉宇宙の痕跡です。正確には、ビッグバンから約38万年後、少し膨張して3千K（絶対温度）まで冷えた宇宙からの光を、私たちは見ています。3千Kの物質が放つ光は近赤外から可視光に相当しますが、宇宙の膨張にともなって大きく赤方偏移する（波長が伸びる）ため、我々には温度2・7K相当のマイクロ波として届くのです。

1989年にNASAが打ち上げたCOBE衛星は、CMBの全天探査を行い、宇宙のどの方向からも、ほとんど同じ2・7Kのマイクロ波が来ることを明らかにしました。この事実が何を意味するのか。そして何故、38万年後の光だけが我々に届くのか。本章では、それらの疑問についてやさしく解説します。

- ●当初はノイズと疑われたCMB
- ●CMBの存在はガモフのビックバン仮説で予言
- ●宇宙のどこからも、2.7Kのマイクロ波が届く

ペンジアスとウィルソンのホーンアンテナ

米国ベル研究所のホーンアンテナ。　（NASA）
世界で初めて、宇宙マイクロ波背景放射を検出した。

宇宙マイクロ波背景放射（CMB）

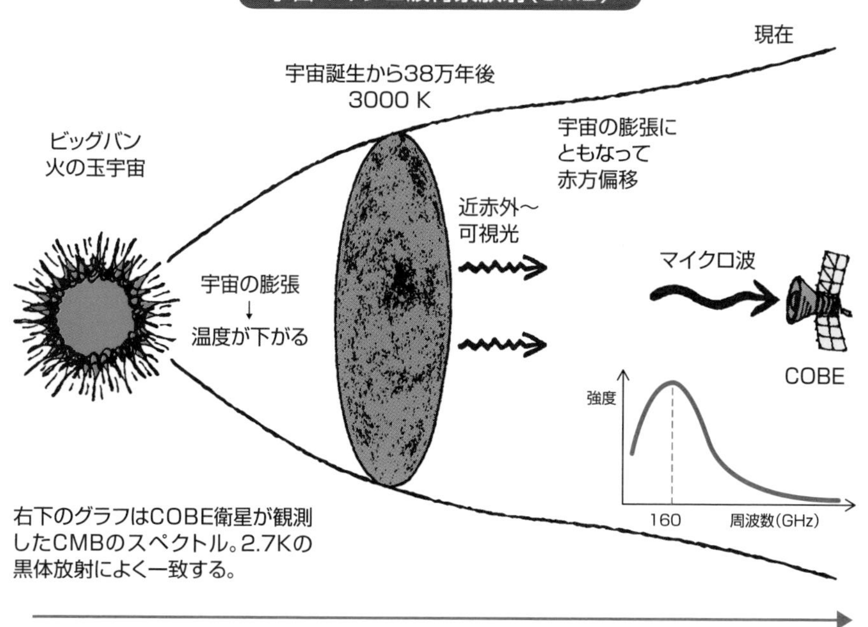

右下のグラフはCOBE衛星が観測したCMBのスペクトル。2.7Kの黒体放射によく一致する。

57 宇宙の開闢「インフレーション」

ビッグバン直前に起こった宇宙の急膨張

COBEの後継機であるWMAP衛星や、ESAのプランク衛星は、より高い空間分解能でCMBの温度均一性を確認しました(図)。2・7Kという平均値に対し、方向によるバラつきはわずか0・00001K程度しかありません。左の分布図では温度のムラが強調して描かれていますが、実際の差は平均値と区別がつかないぐらいに小さいのです。

この均一性は、極めて不思議な事実を語っています。私たちの宇宙において、あらゆる情報は光速以下のスピードで交わされます。CMBが放たれたのは宇宙の誕生から38万年後のことなので、ある地点と情報を共有できるのは、そこから38万光年以内の距離に限られます。これは、天球上で直径2度の円内に相当します。それよりも外側の領域とは、お互い何の因果関係も持たないはずなのです。それなのに、宇宙のどの方向を見てもなぜか同じ顔をしている。例えるなら、移動手段がない頃の地球上で、世界中の人々が初めから同じ言語を話しているような状態です。

この問題を解決するのが、佐藤勝彦とアラン・グースらによって提唱されたインフレーション理論です。インフレーションとは、誕生直後の宇宙が、10^{-34}秒未満という短時間に、30桁近くも大きく膨れ上がった、というシナリオです。元々情報を共有していた小さな空間が一気に広がったことで、宇宙のどの領域も同じ記憶をとどめている、という理屈が成り立ちます。

インフレーション理論は、これ以外にも様々な問題を解決します。例えば、CMBのわずかな温度ムラは、膨張前の極微の世界で自然に出現する量子的な「ゆらぎ」が引き伸ばされた結果だと理解できます。また、急膨張を引き起こした「真空のエネルギー」が熱に変換されることで、火の玉宇宙、すなわちビッグバンを説明できます。

CMBのムラは成長し、やがて今日の宇宙に見られる大規模構造(55)を形成します。

要点BOX

- ●CMBの温度のムラは極めて小さい
- ●インフレーション理論で温度の一様性を説明
- ●CMBのムラが成長し、大規模構造を形成

CMBの全天マップ

COBE
(1992)

WMAP
(2003)

Planck
(2013)

色の違いは、
平均温度(2.7K)からの
差を示します。
かなり強調して描かれており、
実際の温度ムラは
非常に小さいのです

(NASA/COBE/DMR;
NASA/WMAP SCIENCE TEAM;
ESA AND THE PLANCK COLLABORATION)

インフレーション

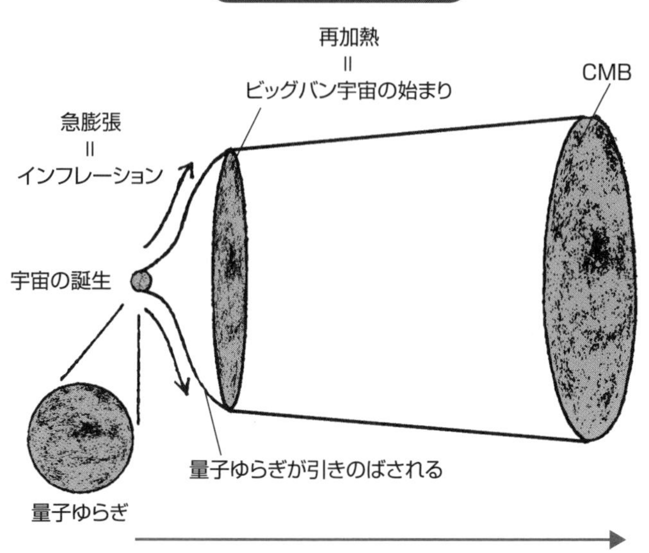

58 ビッグバン時代の物質生成

素粒子のスープからヘリウムの生成まで

インフレーション前後の宇宙は、重力や電磁気力、核力などが区別できない極限の世界でした。素粒子物理学の「大統一理論」や「超ひも理論」は、この時代の物理を記述します。素粒子が質量を獲得したのもこの時代です。また、当時はあまりにも熱いために、陽子や中性子までもがバラバラのクォークの状態にありました。

宇宙誕生から1秒未満で、クォークが合体して陽子と中性子が誕生します。ただしこの時点では、陽子と中性子が入れ替わる反応が続いていました。

宇宙誕生の3〜5秒後には、電子と陽電子が対消滅して大量の光が生まれます。その後の宇宙では、しばらくの間、光子がエネルギーの大半を担います。

誕生から3分後、宇宙の温度は10億度まで下がります。この時点で、陽子と中性子が入れ替わる反応がストップし、宇宙全体における陽子数と中性子数の比がおよそ7：1に固定されます。ここから「ビッグバン元素合成」と呼ばれる、宇宙初期の原子核反応が始まります（図）。このプロセスでは重水素やヘリウム3も作られますが、最終的にはほとんどの中性子がヘリウム4に取り込まれます。ヘリウム4は、陽子2つと中性子2つからなる原子核です。元々の陽子：中性子比が7：1だったので、水素とヘリウムの個数比は12：1になります。これは、観測される宇宙の軽元素組成ともよく一致します。このことからも、ビッグバン理論は観測によく裏付けられていると言えます。ビッグバン元素合成に関する一連の理論に深く寄与したのは、ガモフとその弟子ラルフ・アルファ、そして日本の林忠四郎でした。

なお、リチウムよりも重い元素はビッグバンの際には作られず、恒星内部での核融合を待つこととなります。ビッグバンは、多彩な元素で満ちた現在の宇宙の「種」を作ったと言えます。

要点BOX

- ●宇宙誕生から1秒未満で陽子と中性子が誕生
- ●数秒後、電子と陽電子の対消滅で光が生まれる
- ●3分後から原子核反応が始まり、軽元素が作られる

ビッグバン元素合成

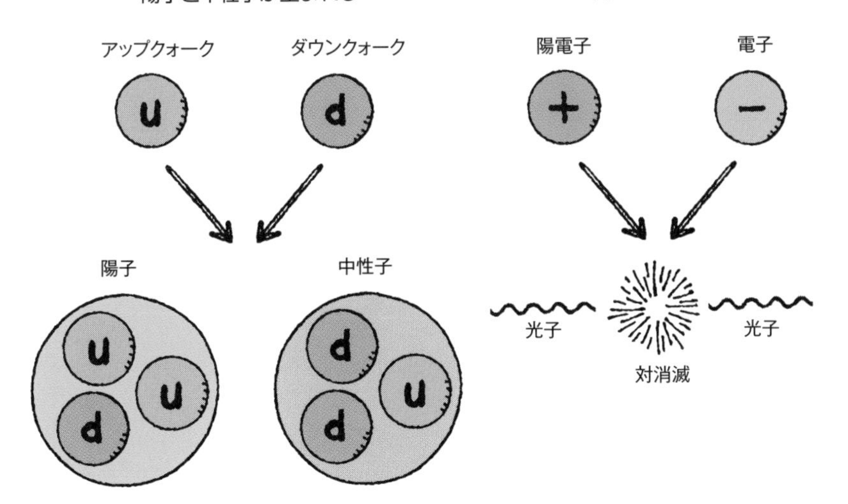

宇宙誕生1秒未満
クォークが合体して
陽子と中性子が生まれる
アップクォーク
ダウンクォーク
u
d
陽子
中性子
宇宙誕生3〜5秒後
電子と陽子の対消滅で
光が生まれる
陽電子
電子
光子
対消滅
光子

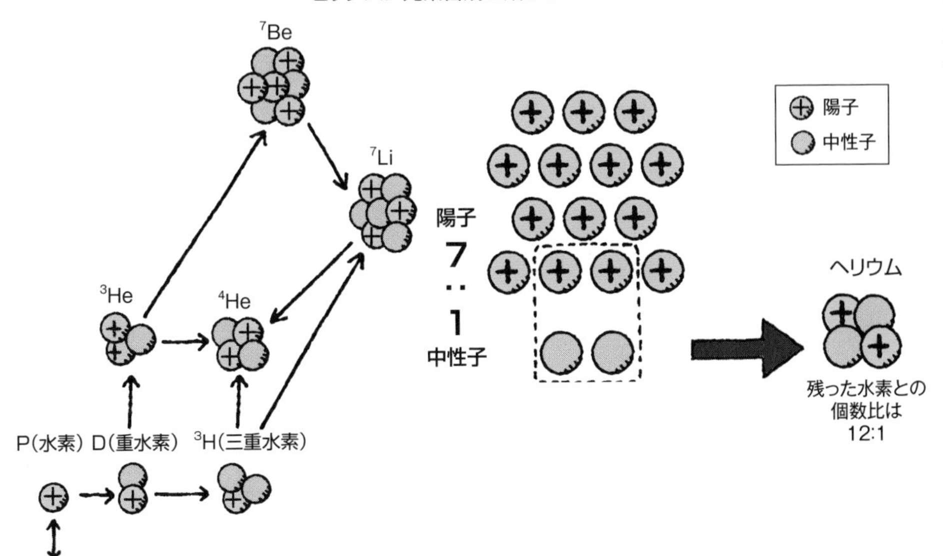

宇宙誕生3分後
ビッグバン元素合成が始まる
7Be
7Li
3He
4He
P(水素)
D(重水素)
3H(三重水素)
中性子
陽子
7
:
1
中性子
陽子
中性子
ヘリウム
残った水素との
個数比は
12:1

59 宇宙の晴れ上がりと暗黒時代の到来

霧が晴れたら暗闇になった

本章の冒頭（56）で、CMBが宇宙誕生から38万年後に放たれた光であることを述べました。では何故、38万年後なのでしょうか？　それより前の時代からの光はどこへ行ったのでしょうか？

火の玉から始まった宇宙は、その後の膨張に伴って次第に温度を下げていきます。その過程で、電子や陽子、ヘリウムの原子核が作られました。宇宙はその後も膨張を続けます。そして誕生から38万年経った時、宇宙の温度は3千度にまで下がりました。この温度になると、それまでバラバラに飛び回っていた電子と陽子が結合して、水素原子になります。プラズマ状態だった宇宙が、ここで中性化したのです。

これは、宇宙を伝播する光にとって、大きな事件でした。なぜなら、それまで光はプラズマ中の自由電子と頻繁に散乱を起こし、まっすぐに進めなかったからです（図）。宇宙が中性化したことで、初めて光が遠くに伝わるようになりました。これを「宇宙の晴れ上がり」と言います。38万年間光を妨げていた〝霧〟が、突然消え去った瞬間でした。この現象は、太陽が分厚いために内部が見えず、表面からの光だけが見えることと本質的に同じです。38万年以前の高温宇宙は分厚いプラズマに覆われていて我々からは見えず、表面にあたる晴れ上がりの瞬間だけが、CMBとして観測されるのです。CMBのスペクトル（56）が黒体放射を示すのは、まさにそのためです。

霧が晴れた後の宇宙は、星も銀河もない、真っ暗闇になりました。そこから数億年後、星やクェーサーが誕生して、それらが放つ紫外線によって水素やヘリウムの再電離が進みます。宇宙の夜明けです。

暗黒時代の宇宙がどのような進化をしたのかは未だ十分にわかっておらず、これからの研究が期待される領域です。また、太陽の100倍を超える大質量の星は特にこの時代に生まれやすく、その詳細に高い関心が寄せられています。

要点BOX
- ●温度3000Kで電子と陽子が結合し、光の伝搬が妨げられなくなった
- ●数億年後、初代星からの紫外線により宇宙が再電離

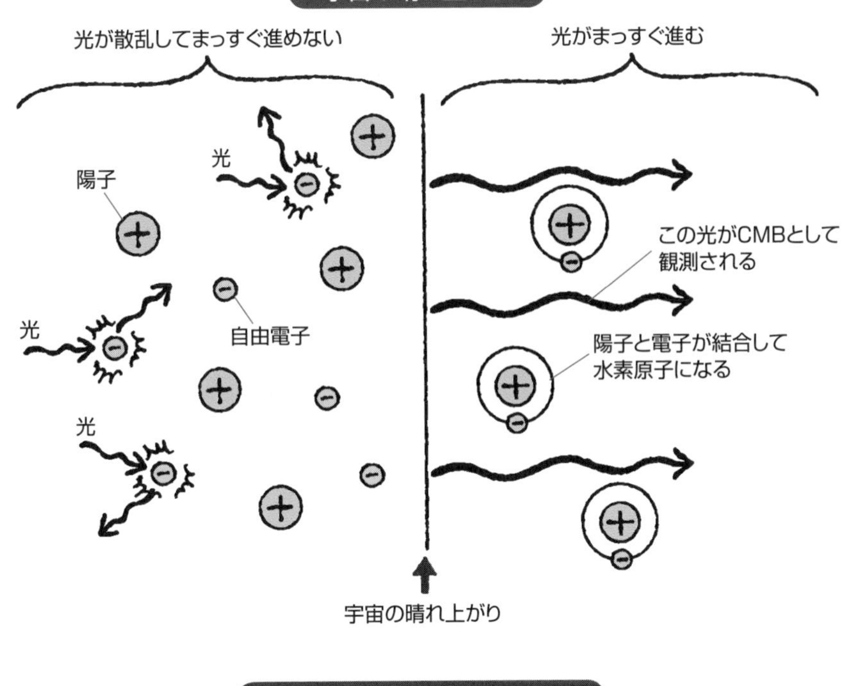
宇宙の晴れ上がり
光が散乱してまっすぐ進めない
光がまっすぐ進む
光
陽子
光
自由電子
光
この光がCMBとして
観測される
陽子と電子が結合して
水素原子になる
宇宙の晴れ上がり

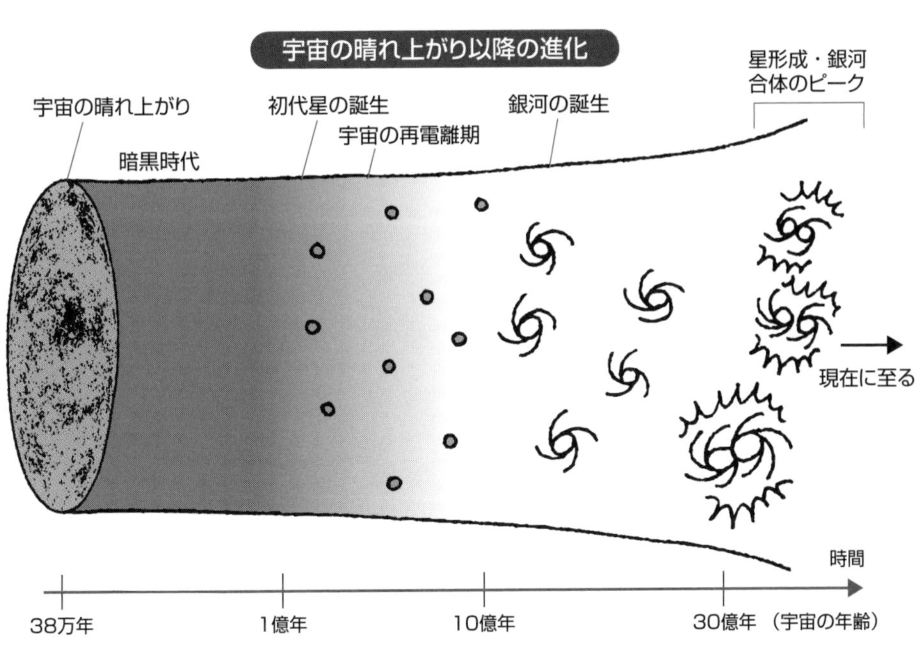
宇宙の晴れ上がり以降の進化
星形成・銀河
合体のピーク
宇宙の晴れ上がり
初代星の誕生
銀河の誕生
宇宙の再電離期
暗黒時代
現在に至る
時間
38万年
1億年
10億年
30億年（宇宙の年齢）

60 宇宙の未来

加速する宇宙膨張とダークエネルギー

ここまで、宇宙の始まりについて見てきました。では、宇宙の終わりはどうなるのでしょうか？　観測的に確かめられない以上、その答えは誰にもわかりません。ただし、ある程度の予想はできます。そのためにはまず、今の宇宙が置かれた状況を知ることが大切です。

1990年代後半、遠方のIa型超新星(40)を探索していた複数の研究チームが、驚きの事実を発見しました。Ia型超新星は標準光源なので、見た目の明るさから天体の距離がわかります。得られた距離と、宇宙の膨張に起因する後退速度との関係を調べたところ、遠方、すなわち昔の宇宙は、今よりもゆっくりと膨張していたことがわかったのです。言い換えると、宇宙の膨張は時間が経つにつれて加速していることになります。この加速は、ダークエネルギーと呼ばれる謎の力によって引き起こされたと解釈されています。

ダークエネルギーは「物質」ではありません。もし、宇宙の構成要素が水素やダークマターのような「物質」だけなら、それらの引力によって宇宙の膨張は必ず減速します。そうなっていないのは、ダークエネルギーが斥力の働きをしているからです。

ダークエネルギーの正体は、未だ解明されていません。したがって、いつまでも一定の密度で斥力を作り続けるかどうかもわかりません。しかし、もしこのまま宇宙の膨張が加速し続ければ、その速度はやがて無限大になります。光よりも速く空間が広がるので、隣の星が発した光さえも、もはや届かなくなります。最後には、銀河も星も原子さえもがバラバラに引き裂かれ、宇宙は終焉を迎えます。これを「ビッグリップ」と呼びます。

最近の研究によると、仮にビッグリップが起こるとしても、それは1000億年以上も先の話だそうです。それよりずっと前に、太陽が燃え尽きてしまいます。それでもまだ50億年も先。少なくとも私たちが生きている間は、宇宙は安泰のようです。

要点BOX

- 宇宙の膨張は加速している
- 斥力の働きをするダークエネルギーが加速に関わる
- 膨張の加速が続くとビッグリップが起きる

Ia型超新星の観測による宇宙の加速膨張の発見

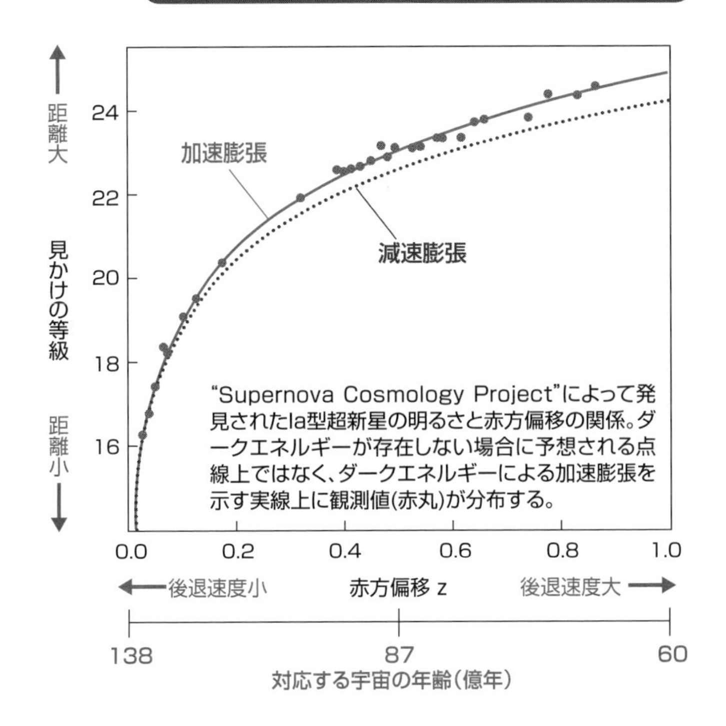

"Supernova Cosmology Project"によって発見されたIa型超新星の明るさと赤方偏移の関係。ダークエネルギーが存在しない場合に予想される点線上ではなく、ダークエネルギーによる加速膨張を示す実線上に観測値(赤丸)が分布する。

宇宙の終焉の予想

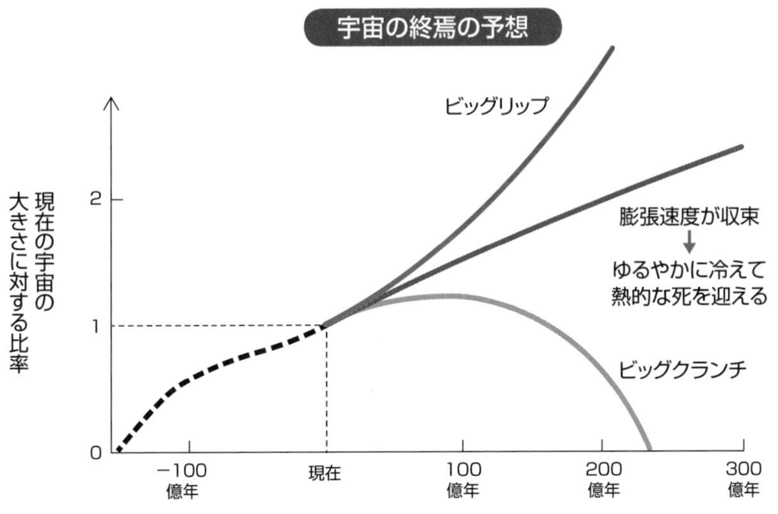

本文で紹介したビッグリップの他にも、宇宙の終わり方には様々な予想が立てられている。もし将来、ダークエネルギーの密度が小さくなった場合、宇宙はやがて収縮に転じ、最後は一点に潰れてしまう(ビッグクランチ)。

Column

科学者ガモフの遊び心

「ビッグバン」という言葉は、「誕生直後の灼熱の宇宙」を意味する専門用語として今ではごく自然に使われています。しかし、当初この言葉はネガティブな意味で使われました。ジョージ・ガモフがビッグバン理論を唱えたころ、天文学者の間には、「宇宙は悠久不変である」とする定常宇宙論が根強く残っていました。あのアインシュタインでさえも、ルメートルが発表した膨張宇宙説（ハッブル＝ルメートルの法則の物理的解釈）を当初は受け入れなかったと言われます。

イギリスの重鎮フレッド・ホイルも、定常宇宙論に固執した天文学者の一人です。彼は、膨張宇宙説が認められた後も「宇宙は元々無限に広がっているから始まりなんて存在しない」と主張し続けました。その中でホイルは、宇宙が火の玉から始まったとする仮説を揶揄する意図で「ビッグバン・アイデア」と発言したそうです。今風の言葉にすると、「宇宙が大爆発で始まった？　爆発したのはガモフの頭の方だろ？」といったところでしょうか。つまるところ、「ビッグバン」という言葉は、元々ビッグバン理論を否定する天文学者によって生み出された、一種のヘイトワードだったのです。

ところが、これを聞いたガモフは、面白がって自らの理論を「ビッグバン理論」と呼び始めます。今風の言葉にすると、「いいね！　それいただき！」といったところでしょうか。その後、彼の予言通りにCMBが発見されたこと（56）で、定常宇宙論は急速に衰退しました。ガモフの方が一枚も二枚も上手だったようです。研究者たるもの、かくありたい。

さて、この逸話からもわかるように、ガモフは非常にユーモアのある人物だったようです。58で紹介したビッグバン元素合成は、彼の学生だったラルフ・アルファによる博士論文のテーマでした。ガモフはこの論文の発表時に、アルファ（α）とガモフ（ガンマ：γ）の間にベータ（β）を入れて語呂のいい「αβγ理論」と名付けたかったらしく、太陽の熱源が水素の核融合（19）であることを初めて示したハンス・ベーテ（β）を無理やり共著者に迎え入れたと言われています。ベーテは議論に貢献したそうなのでギリギリセーフかもしれませんが、このような行為は「ギフトオーサーシップ」と呼ばれ、今では重大な研究倫理違反に当たります。研究者のみなさん、くれぐれもガモフの真似をしてはいけませんよ。

第8章 これからの天文学

61 天文学の未解決問題と将来への展望

宇宙、物質、生命の起源と進化

本書の冒頭でも述べたように、天文学の目標は「私たちはどこから来たのか」という根源的な疑問に答えるところにあります。つまりそれは、森羅万象の「起源と進化」を解き明かすことに他なりません。現在の天文学に残された未解決問題は、突き詰めるといずれもこの一点に集約されます（図）。これらの難問に答えるために必要なことは何でしょうか？

第1章では、電波、可視光、X線というように、天文学は波長ごとに分類できることを述べました。しかし、宇宙から来るメッセージに境目はありません。これからの天文学では、あらゆる波長の光、そして素粒子や重力波など、光以外の情報も総動員することが、様々な未解決問題を解くための鍵となるでしょう。例えば、正体不明のダークマターは、CMBや銀河団の観測からその性質を絞りこめるだけでなく、ダークマター候補の素粒子そのものを直接検出する研究も進められています。

天文学は、コンピュータ技術の進歩にも支えられています。近年は観測装置の大型化・高性能化に伴い、得られるデータは膨大になりました。まもなくチリで観測を開始するルービン天文台は、たった一晩で15テラバイト（1ギガバイトの1万5千倍）ものデータを取得します。こうしたビッグデータの処理には、近年進歩が著しい人工知能も活用されます。エドウィン・ハッブルが一つ一つ目で見て行った銀河の分類も、コンピュータが全自動で行う時代になりつつあるのです。また、宇宙で起こる現象は様々な物理が複雑に絡み合うため、純粋な観測だけでは解明できない問題もあります。こうしたケースでは、スーパーコンピュータ（スパコン）を使った高度なシミュレーションが活躍します。例えば、超新星やガンマ線バーストをスパコンの中で再現することで、それらの爆発メカニズムを知る手がかりが得られます。宇宙の構造進化や、恒星・惑星の形成過程も、スパコンを使って詳しく調べられています。

要点BOX
- ●森羅万象の起源と進化の解明が天文学の使命
- ●様々な波長の光や素粒子、重力波の情報を総動員
- ●人工知能やスパコンも天文学を支える

天文学の主な未解決問題

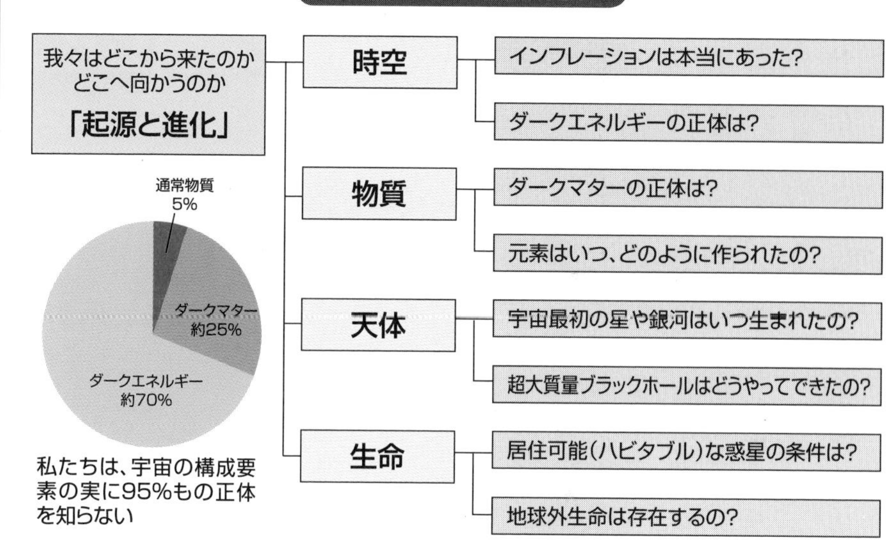

私たちは、宇宙の構成要素の実に95%もの正体を知らない

解決にむけたアプローチ

高性能の望遠鏡による
マルチメッセンジャー観測

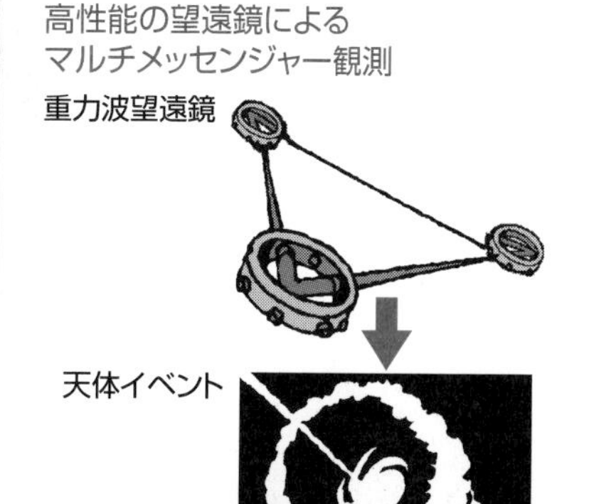

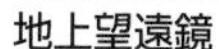

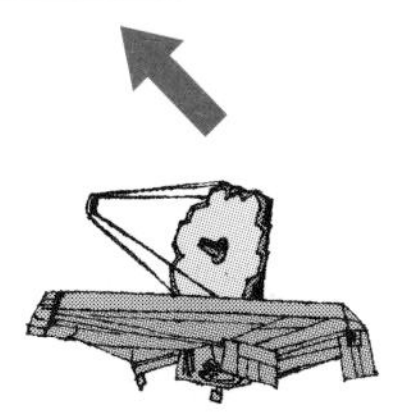

人工知能を用いたデータ処理や
スパコンによるシミュレーション

(国立天文台)

国立天文台が所有する天文学研究専用のスパコン「アテルイ」

62 スペース・マルチメッセンジャー

超大質量ブラックホールの進化と初期宇宙の謎に迫る

天の川やM87などの銀河の中心には、太陽の数百万倍から数十億倍の質量を持つ巨大ブラックホールが存在します（36）。しかし、これほど大きなブラックホールが、いつ、どのように形成されたのかは、今のところよくわかっていません。この謎を解くには、超大質量ブラックホールの成長（合体）現場からの重力波を捉える必要があります。しかし超大質量ブラックホールは、恒星質量ブラックホールと比べてゆっくりと合体するため、重力波の周期が長くなります。これを検出するには、ゆっくりした重力波にも反応できる、無重力中の重力波望遠鏡が必要となります。

そこで、欧州宇宙機関ESAは、2030年代の打ち上げを目指して、レーザー干渉計宇宙アンテナ（LISA）を開発しています。LISAは、レーザー送受信機を持つ3台のデバイスを1辺250万kmの正三角形の頂点に配置し（図）、編隊を組んだまま人工惑星軌道を周回します。あとはLIGO（10）と同様に「光の干渉」を利用して、超大質量ブラックホール合体からの重力波を捉えます。なお、この合体は、ブラックホールを取り巻く銀河自身の合体でもあるので、銀河を構成するガスからの電磁波放射も期待されます。電波やX線など、様々な波長の光が同時に捉えられることになるでしょう。

また、宇宙空間で行う重力波観測は、インフレーション（57）の直接証拠となる「原始重力波」も検出できると予想されています。原始重力波とは、宇宙が極小サイズだった頃の量子的な時空の歪みが、インフレーションによって引き延ばされることで生じるものです。その検出を目指すのが、日本のDECIGO計画です。また、JAXAが2029年頃の打ち上げを目指すLiteBIRD衛星は、原始重力波がCMBに作る「偏光（光の振動方向の偏り）」を検出します。スペース・マルチメッセンジャーによって宇宙超初期の謎が暴かれる日もそう遠くはありません。

要点BOX

- ●宇宙空間で周期の長い重力波を捉えるLISA
- ●原始重力波の検出を目指すDECIGO
- ●原始重力波が作るCMBの偏光を検出するLiteBIRD

レーザー干渉計宇宙アンテナ(LISA)

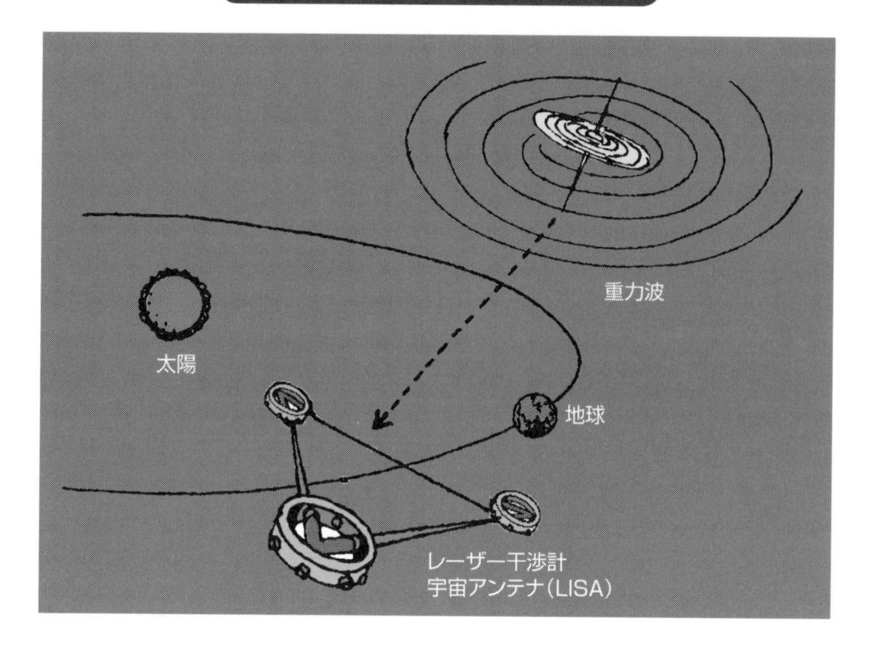

インフレーションの証拠を捉える

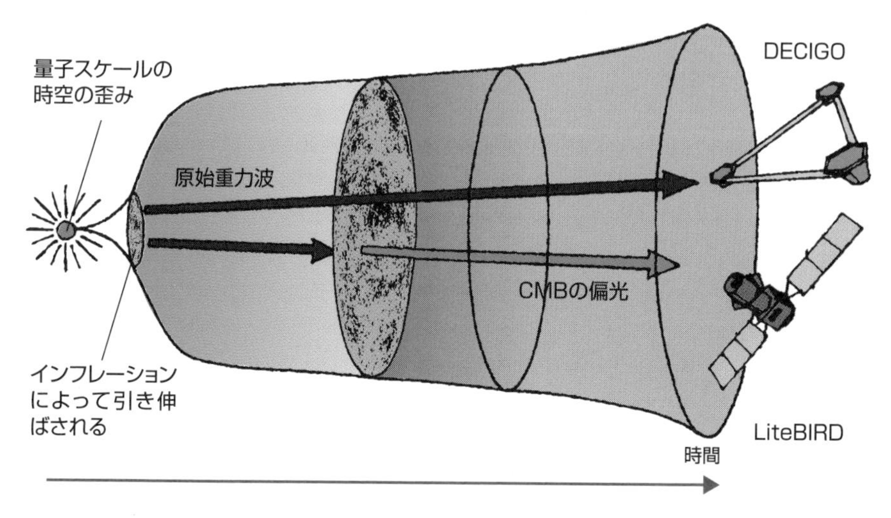

宇宙の超初期に起こったとされるインフレーションの証拠は、原始重力波の直接検出だけでなく、原始重力波がCMBに作る偏光の検出によっても確認できる。

63 アストロバイオロジー

地球外の生命と文明を求めて

　高度な文明を持つ生物は、人類の他にもいるのでしょうか？　それとも、広い宇宙の中で私たちはひとりぼっちなのでしょうか？　これらの素朴な疑問に答えるため、第2の地球探しが始まりました。系外惑星探査は、その第一歩です。ケプラー宇宙望遠鏡（28）などの活躍によって、地球と同じ岩石質の惑星が普遍的に存在することがわかった今、私たちの関心は「惑星探査」から「生命探査」へとシフトしています。「アストロバイオロジー（宇宙生命科学）」とも呼ばれます。

　生命探査は、いくつかのステップに分けることができます。まずは、水が液体として存在できる温度にある惑星を見つけます。次に、海や大気の存在を明らかにし、その中から生命活動の痕跡（バイオマーカー）を探します。バイオマーカーの例として、植物の光合成による酸素や、細菌類が排出するメタンなどが挙げられます。一方、生命の痕跡は、遠い系外惑星だけでなく、私たちの太陽系の中にもあるかもしれません。火星やエウロパに探査機を送り、それらを探す計画もあります。

　生命だけではなく、もっと直接的に知的文明を探すプロジェクトもあります。これまでにも、SETI（Search for extraterrestrial intelligence：地球外知的生命体探査）と呼ばれる活動の一環として、電波望遠鏡で知的生命からの信号を探す試みや、近傍の系外惑星へ向けて能動的に電波を発信する試みがありました。もしこの信号を受信した知的生命がいれば、近い将来に彼らからの返信が届くかもしれません。

　1977年に打ち上げられた2機のボイジャー探査機には、いつの日か地球外生命に発見されることを期待して、人類の言語や太陽系の位置情報が記載された「ゴールデンレコード」も載せられています。この壮大な宇宙像を人類以外の誰かと共有する日は来るのでしょうか。

要点BOX
- ●液体の水が存在する温度の惑星を見つけ、その大気から生物の痕跡（バイオマーカー）を探す
- ●電波信号の探査や発信で知的生命を探すSETI

バイオマーカー

気体（分子式）	生物過程
酸素（O_2）	酸素型光合成
オゾン（O_3）	酸素由来 チャップマン機構
メタン（CH_4）	メタン生成古細菌
亜酸化窒素（N_2O）	硝化菌、脱窒菌
アンモニア（NH_3）	窒素固定菌

（河原創『系外惑星探査 地球外生命をめざして』より一部抜粋）

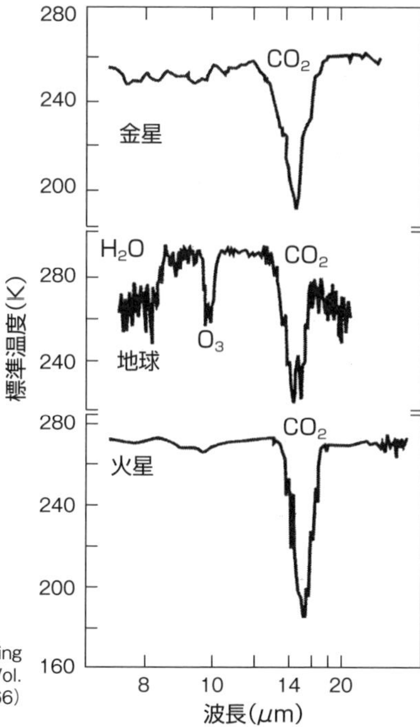

（J. Roger P. Angel and Neville J. Woolf, Searching for Life on Other Planets, Scientific American, Vol. 274, No. 4 (APRIL 1996), pp. 60-66）

将来の惑星生命探査計画

（NASA/JPL）

NASAの将来計画HabEXは、望遠鏡の前面にスターシェード（コロナグラフ）を置き、恒星からの直接光を遮蔽することで、惑星の直接検出やバイオマーカーの探査を行う。

ゴールデンレコード

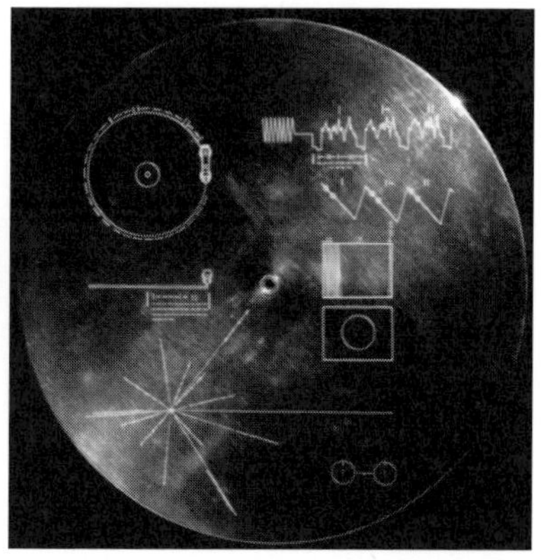

（NASA/JPL）

ボイジャーに搭載された宇宙人へのメッセージ。例えば左下の放射状の図は、当時知られていた14個のパルサーと地球との位置関係を表す。

64 観測装置の高性能化

より早く、より広く、より深く、より精密に

天文学の発展には、観測装置の性能向上が欠かせません。例えば、恒星フレアや超新星爆発といった突発現象の全容を明らかにするには、発生後なるべく「早く」、望遠鏡を天体に向けなければなりません（時間軸天文学）。また、突発現象はいつどこで起こるかわからないので、なるべく「広く」天空を監視することも大切です。まもなく観測を開始するルービン天文台の視野は、9・6平方度。これは、ハッブル宇宙望遠鏡・広視野カメラの約600倍、満月約50個分に相当します（図）。

広視野のサーベイ観測によって、新天体が見つかることもあります。ただしそのためには、宇宙の広い範囲を単に見渡すだけではなく、感度の良い装置を使って「深く」観測しなければなりません。深観測によって遠方の天体が見つかると、初期宇宙の詳細、例えば宇宙で最初の星や銀河が、いつどのようにして作られたかが明らかになります。史上最大規模の電波望遠鏡として建設が進むスクエア・キロメートル・アレイ（SKA）は、その名の通り1平方㎞の集光面積をもって初期宇宙の謎に迫ります。このように、時間と空間（広さと奥行き）の軸を極限まで広げることは、現代天文学の基本方針だと言えます。

宇宙からのメッセージは、時間・空間に、光の「波長」の情報が加わります。天文学では、これらを最大限「精密に」調べる、つまり分解能を高めることも大切です。望遠鏡の空間分解能が向上すると、これまで重なり合っていた天体が1つ1つに分離できます。また、波長分解能が向上すると、天体の運動や化学組成を正確に測定できます。2027年の完成を目指して開発が進む「30メートル望遠鏡」は、すばる望遠鏡の10倍を超える感度と4倍の解像度で、遠方銀河を隅々まで調べます。2022年度にJAXAが打ち上げ予定のXRISM衛星は、従来の30倍の波長分解能で、銀河団の形成と化学進化の謎に迫ります。

要点BOX
- ●突発天体を広く監視し、早く対応する
- ●遠方の暗い天体を深く観測する
- ●時間・空間・波長の情報を精密に調べる

観測技術向上の基本方針

より早く

即応性・時間軸天文学

より広く

広視野･サーベイ観測

より深く

感度向上・長時間観測

より精密に

分解能向上

高性能化する観測装置

ベラ・ルービン天文台（左）と、その視野の広さ

（Todd Mason, Mason Productions Inc. / LSST Corporation）

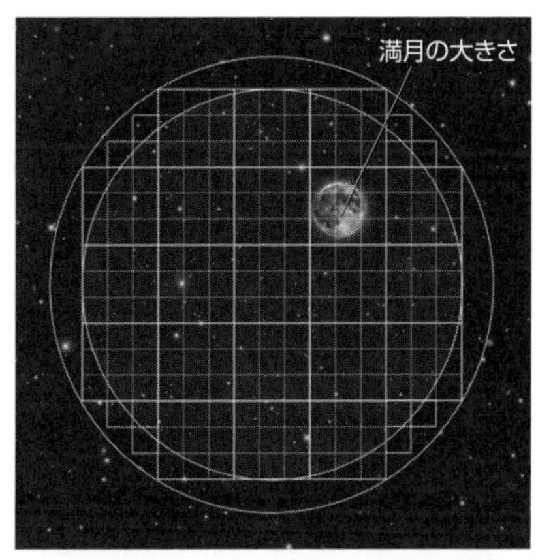

（Rubin Obs/NSF/AURA）

スクエア・キロメートル・アレイ（SKA）

（SKA Organisation）

X線分光撮像衛星（XRISM）

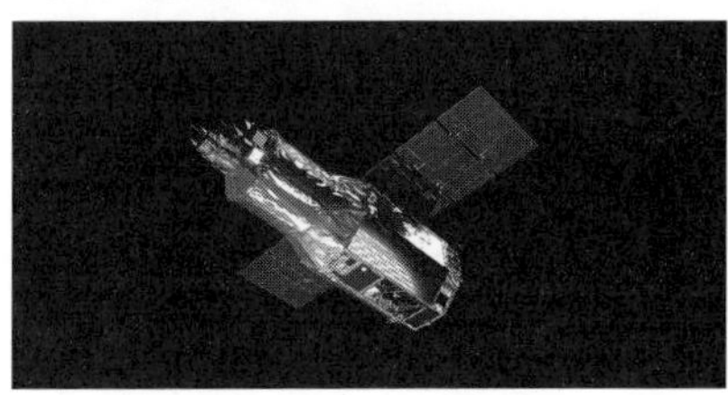

（JAXA）

65 天文学と社会の関わり

天文学を取り巻く諸問題と社会貢献

観測装置の高性能化は、良いことばかりではありません。第一に、スペックの向上に伴って開発費が膨大になります。限られた予算の中で、高価な望遠鏡を大量に作るのは困難です。そのため近年は、世界中の大学や研究機関が協力して、世界に1台の大型汎用天文台を作る動きが加速しています。第二に、高性能の望遠鏡は必然的に巨大で複雑になるため、製作が長期化します。これは、開発技術を次世代に継承する上で、極めて深刻な問題となります。その打開策として近年活発に進められているのが、目的特化型の小型望遠鏡・小型衛星の開発です。小型であれば、少人数のグループでも比較的短期間で作れるため、効率よく技術を継承できます。

現代天文学が抱える問題は、それだけではありません。例えば、新たに望遠鏡を作る場合、建設地の周辺に暮らす人々の理解が不可欠です。多数の望遠鏡が設置されるハワイ島のマウナケア山は、地元住民の聖地でもあります。実は、前項で触れた「30メートル望遠鏡」も、マウナケア山頂への建設が進められていますが、地元住民による反対運動が激化し、2019年には暴動が起こる事態に発展しました。天文学者にとっては不可欠の望遠鏡も、その地に暮らす人々にとっては聖地を汚す脅威となるのです。

人工衛星の開発も様々な問題を抱えます。運用を終えた衛星は、軌道上に残る「宇宙ゴミ（スペースデブリ）」となります。人類がこのままロケットや衛星を打ち上げ続けると、地球の周辺は宇宙ゴミで溢れ、やがては我々自身の宇宙活動の妨げにもなります。そのため近年は、宇宙ゴミを大気圏で安全に溶融させて除去する取り組みもなされています。

天文学は、尽きることのない謎をもって、人類の知的好奇心をくすぐり続ける学問です。しかし、社会との共存があってこその学問であることも、忘れてはなりません。

要点BOX
- ●観測装置の高額化、技術継承への対策
- ●望遠鏡の設置には地元住民への配慮が必要
- ●運用終了後の衛星をゴミにしない取り組み

装置の高性能化に伴う諸問題と打開策

開発費の増大

量産が困難

製作の長期化

技術継承が困難

国際競争から国際協力へ

目的特化型の小型望遠鏡の併用

マウナケア天文台群

ハワイ島マウナケア山頂付近には、全12基の望遠鏡が並ぶ。壮大な光景だが、この山を聖地と崇める地元の人々にとっては、必ずしもありがたい存在ではないことにも留意しなければならない。

スペースデブリ

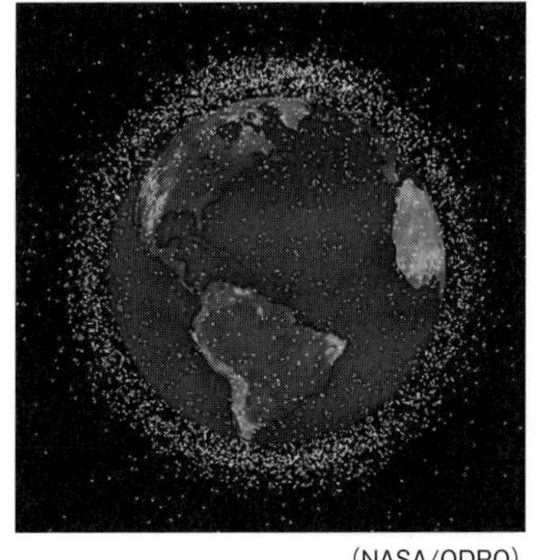

高度2,000 km以下の軌道を周回するスペースデブリの分布。デブリの大きさは誇張して描かれている。

（NASA/ODPO）

66 天文学から考える私たちの未来

宇宙災害への対策

現代天文学が明らかにした宇宙像を学ぶと、私たちの文明の驚異となりうる天体現象、すなわち「宇宙災害」があることに気がつきます。例えば、太陽は磁気リコネクションによるフレア（21）を起こしますが、恒星によっては太陽フレアのエネルギーを遥かに凌駕する「スーパーフレア」が起きることが知られています。もしこれと同規模のフレアが太陽で起きると、地球は巨大な磁気嵐や放射線に晒され、人工衛星の故障や通信障害、GPSの故障、大規模停電など、電子化された私たちの文明に大きな影響を及ぼします。そこで最近は、太陽の活動が生活に与える影響を事前に把握するための「宇宙天気予報」が、太陽の観測を通して実践されています。

より甚大な被害が想定される宇宙災害として、小惑星や隕石の衝突が挙げられます。最近の例では、2013年にロシアのチェリャビンスクに隕石が落下した際、その衝撃波で千人以上の住民が負傷する事故がありました。同じくロシアのツングースカで1908年に起きた隕石落下は、チェリャビンスクをはるかに上回る規模の災害をもたらしました。こうした小天体の衝突は、地球の生命進化に大きな影響を与え、現代文明の存続にとっても現実的な驚異となりえます。近年では、Pan-STARRS 望遠鏡などの広視野望遠鏡を活用して、危険な小天体の探査も行われています。自然科学のひとつである天文学が、人類社会の維持存続にも直接的に役立っているのです。

1968年にアポロ8号から撮影された「地球の出（Earthrise）」という写真は、漆黒の宇宙に浮かぶ青い地球が、いかにかけがえのない環境であるかを描き出しています。天文学は純粋な知的好奇心に支えられた学問ですが、その探究を通じて私たちが得た知識と叡智は、かけがえのない地球と文明を次の世代へと確実に引き継いでいくためにも活用できるのではないでしょうか？

要点BOX
- ●太陽活動が及ぼす影響を予測する宇宙天気予報
- ●衝突の危険がある小惑星の発見と監視
- ●天文学を通して得た叡智を社会に活かす

宇宙災害の例

太陽のスーパーフレア

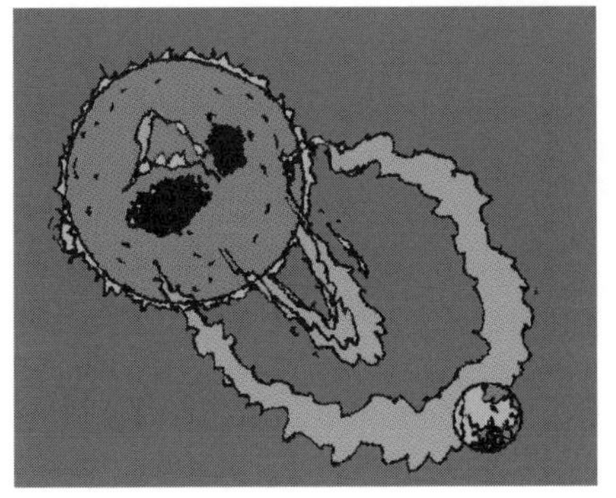

小惑星の衝突

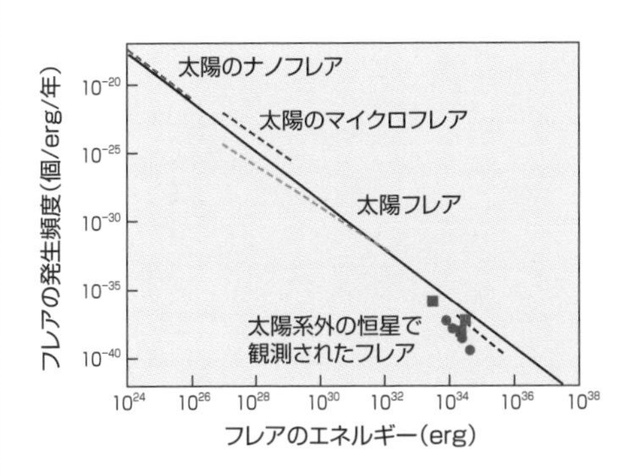

太陽や近傍の恒星で観測されるフレア現象の発生頻度分布。エネルギーの高い「スーパーフレア」は頻度こそ低いが、ひとたび太陽で起きると地球に甚大な影響を与える。

（前原裕之氏（京都大学）、岡本壮師氏（京都大学）提供）

かけがえのない地球を守るために

アポロ8号から撮影された「地球の出」

（NASA）

Column

人類、再び月へ行く?

本書ではあまり政治的な話をしたくはなかったのですが、最後にどうしても政治に絡んでしまう話題を紹介します。

「アルテミス計画」をご存知でしょうか。米国を中心とする国際プロジェクトで、2024年までに人類を月面に着陸させるミッションです。月面への着陸計画としては、史上初となる女性クルーを含むことも特徴です。

この計画は、2017年にドナルド・トランプ大統領が宇宙政策指令(Space Policy Directive)に署名したことで、事実上発足しました。NASAやJAXA、ESAなどの宇宙機関のほか、SpaceX社など民間企業も多数参加して実施されます。計画名の「アルテミス」は、ギリシャ神話に登場する月の女神で、アポロ計画の由来となった太陽神アポロンの双子の姉(もしくは妹)とされます。いろいろな意味で、本プロジェクトにピッタリの名前と言えます。

アルテミス計画は、予定通りに行けば2021年末に1号機が打ち上がります。月面着陸に先立ち、宇宙船オリオンによる無人輸送試験を経て、「ゲートウェイ」と呼ばれる月周回軌道の宇宙ステーションを建設します。このステーションを拠点に、月着陸船を月面まで届けます。これに合わせて、月面ないしゲートウェイ上での科学実験なども計画されます。月面からの電波天文観測や、月の地下資源の探索などがこれに含まれます。またゲートウェイは、火星など、月以遠の深宇宙への輸送拠点としても活用される予定です。

さて、本計画を語る上で気になるのが、米国の政治情勢です。既にお気づきの方がおられるかもしれませんが、2024年という着陸目標年は、トランプ氏が再任した場合の任期の最終年度に当たります。自らの在任中にこの大計画を成し遂げることが、彼の大願だったようです。しかし、2020年の大統領選挙でトランプ氏は敗北。民主党のジョー・バイデン氏が、第46代大統領に就任しました。アルテミス計画は、ただでも多額の予算を投入する一大プロジェクトです。短期間で成功させることの難しさも、以前から指摘されていました。政権交代にともなって、本計画が少なくとも2028年頃まで延期されるであろうことを、複数の米国メディアが報じています(2021年1月現在)。人類が再び月に降り立つ日はいつになるのか。今後の動静を見守りましょう。

【参考文献】

「現代の天文学」シリーズ　1~16巻（日本評論社）
「新天文学ライブラリー」シリーズ　1~7巻（日本評論社）
『ファーストステップ 宇宙の物理』嶺重慎（朝倉書店、2019年）
『ものの大きさ 第2版：自然の階層・宇宙の階層』須藤靖（東京大学出版会、2021年）
『新版 宇宙物理学：星・銀河・宇宙論』高原文郎（朝倉書店、2015年）
『極・宇宙を解く：現代天文学演習』福江純、沢武文、高橋真聡（編）（恒星社厚生閣、2020年）
『宇宙物理学ハンドブック』高原文郎、家正則、小玉英雄、高橋忠幸（編）（朝倉書店、2020年）
『系外惑星探査：地球外生命をめざして』河原創（東京大学出版会、2018年）
『トコトンやさしい宇宙線と素粒子の本』山﨑耕造（日刊工業新聞社、2018年）

スペクトル 14
星間塵 16
星間物質 114
赤外線 16
赤色巨星 60
赤色超巨星 62
赤方偏移 16・44
セファイド型変光星 38・40

タ

ダークエネルギー 140・145
ダークマター 116・124・126・128・144
大気の窓 12
太陽 50
太陽系 34
太陽フレア 54
楕円銀河 112
タリー・フィッシャー関係 42
チェレンコフ光 22・26
知的生命 148
チャンドラセカール限界 74・96
中間質量ブラックホール 88
中性子星 72・78・80
中性子星連星 64
超銀河団 42・128
超新星残骸 98
超新星爆発 92
超大光度X線源 88
超大質量ブラックホール 86・146
ディスク 110
ディスパージョンメジャー 106
電波 18
電波干渉計 19
天文単位 34
特異X線パルサー 80
特殊相対性理論 28
突発天体 92
ドップラー法 68
トランジット法 68
トリプルアルファ反応 60

ナ

軟ガンマ線リピーター 80
ニュートリノ 26・94
年周視差 36

ハ

パーセク 36
バイオマーカー 148
白色矮星 60・72・74・96
はくちょう座X-1 84
波長 10・144
ハッブル定数 44
ハッブルの音叉図 112
ハッブル=ルメートルの法則 42・44・46
波動性 12
ハビタブルゾーン 68
パルサー 76
バルジ 110
ハロー 110
光分解 94
ビッグバン 132・136
ビッグバン元素合成 136
ビッグリップ 140
標準光源 38・96
フェルミバブル 118
負の比熱 56
プラズマ 20・126
ブラックホール 72・82・84・86・102
分光学 14
分光連星 64
分散量度 106
分子雲 66・114
ヘルツシュプルング-ラッセル図 58
棒渦巻銀河 112
ホットジュピター 68

マ

マウンダー極小期 52
マグネター 80
マゼラン雲 38
マルチメッセンジャー天文学 12・104
メシエカタログ 40

ラワ

粒子性 12
量子ゆらぎ 135
レーザー干渉計 28・102・146
レンズ状銀河 112
連星 64
連星合体 92
惑星状星雲 60

索引

英数

Ia型超新星 42・74・96・140
AU 34
CMB 132・134
CNOサイクル 58
EHT 42・86
HIガス 114
HIIガス 114・122
HR図 58
M31 40
M87 42
pc 36
ppチェイン 50・56
SN1987A 26
X線 20
21cm輝線 114

ア

アストロバイオロジー 148
アフターグロー 100
天の川銀河 38・110
アンドロメダ銀河 40
一般相対性理論 28・82
いて座A*ブラックホール 86・110・118
イベント・ホライズン・テレスコープ 42・86
インフレーション 134
ウォルフ・ライエ星 62
渦巻銀河 112
宇宙ゴミ 152
宇宙災害 154
宇宙生命科学 148
宇宙線 24
宇宙線シャワー 24
宇宙天気予報 154
宇宙の階層構造 32
宇宙の距離はしご 32
宇宙の大規模構造 128
宇宙の晴れ上がり 138
宇宙マイクロ波背景放射 132
エディントン光度 88
おうし座T型星 66

カ

回転曲線 116
可視光 14
活動銀河核 120・126
かに星雲 78・98
かにパルサー 78
カミオカンデ 26・94
干渉 12
ガンマ線 22
ガンマ線バースト 22・100・104
共通外層 64
局所銀河群 40・42
キロノバ 104
銀河団 42・124
銀河中心核活動 118
銀河の回転 116
クェーサー 120
系外惑星 68
ケプラーの第1法則 14
ケプラーの第3法則 34
原始重力波 146
原始星 66
原始惑星系円盤 66
光球 50
光行距離 46
恒星質量ブラックホール 84
高速電波バースト 106
降着円盤 84・120
光電効果 12
光年 36
黒点 52
固有距離 46
コロナ 50
コロナ加熱問題 54
コンパクト天体 72

サ

さそり座U星 74
さそり座X-1 20
残光現象 100
時間軸天文学 92・150
磁気リコネクション 54・80
自己重力系 56
実視連星 64
質量輸送 64
島宇宙説 40
シミュレーション 94・144
重力波 28・102・146
重力崩壊型超新星 94
重力レンズ効果 124
縮退圧 74
主系列星 58
シュワルツシルト半径 82
状態方程式 76
食連星 64
新星爆発 64・74
スーパーフレア 154
スターバースト銀河 122
スピン 114
スペースデブリ 152
スペース・マルチメッセンジャー 146

今日からモノ知りシリーズ
トコトンやさしい
天文学の本

NDC 440

2021年3月26日　初版1刷発行

©著者　山口 弘悦
　　　榎戸 輝揚
発行者　井水 治博
発行所　日刊工業新聞社
東京都中央区日本橋小網町14-1
(郵便番号103-8548)
電話　書籍編集部　03(5644)7490
　　　販売・管理部　03(5644)7410
FAX　03(5644)7400
振替口座　00190-2-186076
URL　https://pub.nikkan.co.jp/
e-mail　info@media.nikkan.co.jp
印刷・製本　新日本印刷

●DESIGN STAFF
AD――――志岐滋行
表紙イラスト――――黒崎　玄
本文イラスト――――小島サエキチ
ブック・デザイン――奥田陽子
（志岐デザイン事務所）

●
落丁・乱丁本はお取り替えいたします。
2021 Printed in Japan
ISBN　978-4-526-08115-6　C3034

●著者略歴

山口 弘悦（やまぐち・ひろや）

国立研究開発法人 宇宙航空研究開発機構（JAXA）宇宙科学研究所　宇宙物理学研究系　准教授
1980年　大阪府生まれ
2003年　京都大学理学部卒業
2008年　京都大学大学院理学研究科 博士課程修了・博士（理学）
理化学研究所基礎科学特別研究員、ハーバード・スミソニアン天体物理学研究所研究員（日本学術振興会海外特別研究員）、NASAゴダード宇宙飛行センター研究員を経て、2018年9月より現職。2019年4月より、東京大学大学院理学系研究科物理学専攻准教授を併任。

専門はX線天文学・原子分光実験
超新星残骸や銀河団などのX線観測や、これらの天体を構成する高温プラズマを実験室で再現して、放射過程を調べる原子分光研究を進めている。SNSはやらない古典派の研究者。

主な受賞歴
文部科学省 文部科学大臣表彰 若手科学者賞
宇宙科学振興会 宇宙科学奨励賞
日本物理学会 若手奨励賞
NASA Exceptional Scientific Achievement Medal
NASA Robert H. Goddard Honor Awards

榎戸 輝揚（えのと・てるあき）

国立研究開発法人 理化学研究所 開拓研究本部 理研白眉研究チームリーダー
1983年　北海道生まれ
2005年　東京大学理学部卒業
2010年　東京大学大学院理学系研究科 博士課程修了・博士（理学）
スタンフォード大学研究員（日本学術振興会海外特別研究員）、NASAゴダード宇宙飛行センター客員研究員（日本学術振興会特別研究員SPD）、京都大学白眉センター特定准教授を経て2020年1月より現職。

専門はX線天文学・高エネルギー大気物理学
宇宙最強の磁石星とも言われる謎の中性子星「マグネター」のX線観測や、X線観測を応用した雷や雷雲の高エネルギー大気物理学の研究を進めている。最近は、シチズンサイエンスを取り込んだ研究のあり方も模索している、SNSもやっている新しもの好きな研究者。

主な受賞歴
文部科学省 文部科学大臣表彰 若手科学者賞
科学技術・学術政策研究所 科学技術への顕著な貢献2018
宇宙科学振興会 宇宙科学奨励賞
日本物理学会 若手奨励賞
IOP Publishing The Physics World Top 10 Breakthrough 2017